큐브 개념 동영상 강의

학습 효과를 높이는 개념 설명 강의

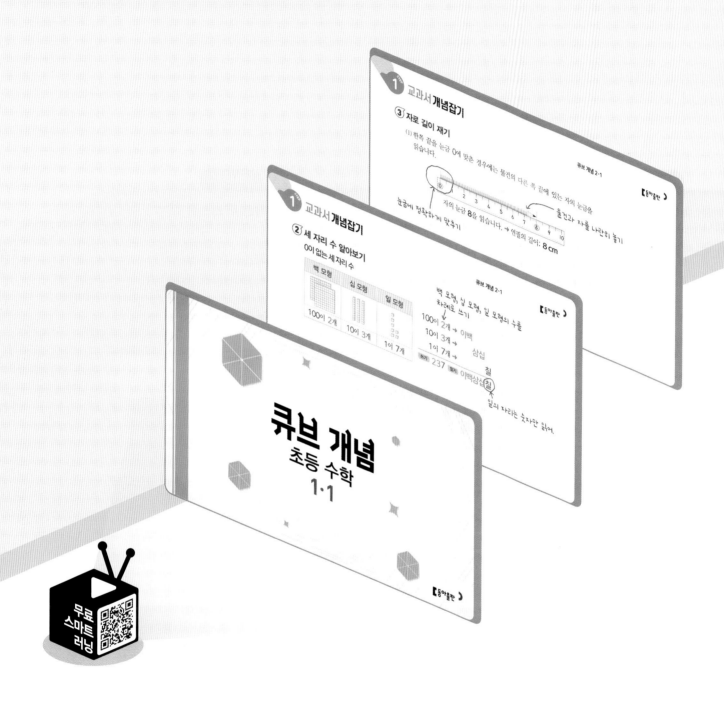

📷 1초 만에 바로 강의 시청

QR코드를 스캔하여 개념 이해 강의를 바로 볼 수 있습니다. 개념별로 제공되는 강의를 보면 빈틈없는 개념을 완성할 수 있습니다.

▶ 친절한 개념 동영상 강의

수학 전문 선생님의 친절한 개념 강의를 보면서 교과서 개념을 쉽고 빠르게 이해할 수 있습니다.

수학의 기본
큐브 시리즈

큐브 연산 | 1~6학년 1, 2학기(전 12권)

난이도 구성

전 단원 연산을 다잡는 기본서

- 교과서 전 단원 구성
- 개념–연습–적용–완성 4단계 유형 학습
- 실수 방지 팁과 문제 제공

큐브 개념 | 1~6학년 1, 2학기(전 12권)

난이도 구성

교과서 개념을 다잡는 기본서

- 교과서 개념을 시각화 구성
- 수학익힘 교과서 완벽 학습
- 기본 강화책 제공

큐브 유형 | 1~6학년 1, 2학기(전 12권)

난이도 구성

모든 유형을 다잡는 기본서

- 기본부터 응용까지 모든 유형 구성
- 대표 예제로 유형 해결 방법 학습
- 서술형 강화책 제공

큐브 개념

개념책

초등 수학

2·1

큐브 개념
구성과 특징

큐브 개념은 교과서 개념과 수학익힘 문제를
한 권에 담은 기본 개념서입니다.

개념책

1STEP 교과서 개념 잡기

꼭 알아야 할 교과서 개념을 시각화하여 쉽게 이해

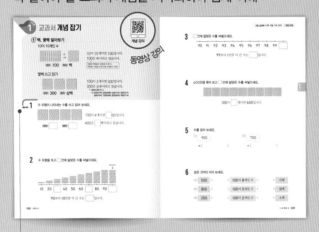

개념 확인 문제
배운 개념의 내용을 같은 형태의 문제로 한 번 더 확인

2STEP 수학익힘 문제 잡기

수학익힘의 교과서 문제 유형 제공

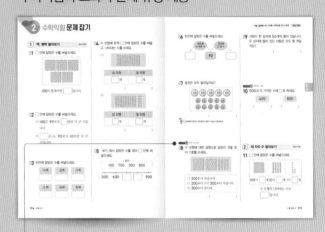

교과 역량 문제
생각하는 힘을 키우는 문제로 5가지 수학 교과 역량이
반영된 문제

개념 기초 문제를
한번 더!

수학익힘 유사 문제를
한번 더!

기본 강화책

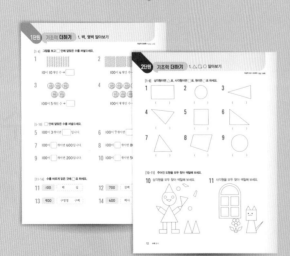

기초력 더하기
개념책의 〈교과서 개념 잡기〉 학습 후
개념별 기초 문제로 기본기 완성

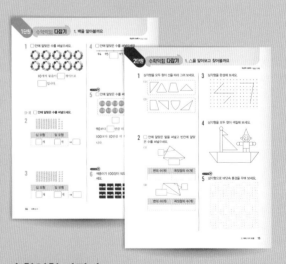

수학익힘 다잡기
개념책의 〈수학익힘 문제 잡기〉 학습 후
수학익힘 유사 문제를 반복 학습하여 수학 실력 완성

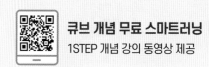
3STEP 서술형 문제 잡기 → **평가** 단원 마무리 + 1~6단원 총정리

풀이 과정을 따라 쓰며 익히는 연습 문제와 유사 문제로 구성　　마무리 문제로 단원별 실력 확인

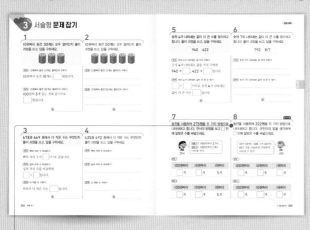

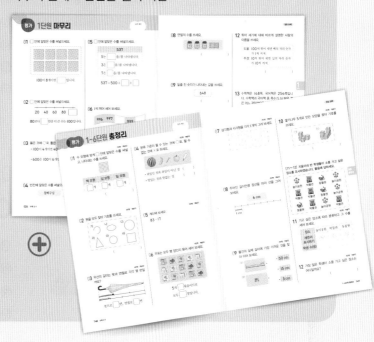

● 창의형 문제
　다양한 형태의 답으로 창의력을 키울 수 있는 문제

⊘ **큐브 개념은 이렇게 활용하세요.**

❶ 코너별 반복 학습으로 기본을 다지는 방법

❷ 예습과 복습으로 개념을 쉽고 빠르게 이해하는 방법

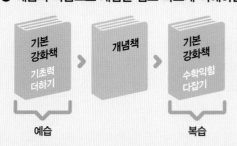

1

세 자리 수

학습을 끝낸 후
색칠하세요.

교과서
개념 잡기

수학익힘
문제 잡기

❶ 백, 몇백 알아보기
❷ 세 자리 수 알아보기
❸ 각 자리 숫자가 나타내는 값
알아보기

⊗ 이전에 배운 내용
[1-2] 100까지의 수
두 자리 수의 개념
100까지의 수의 순서
두 자리 수의 크기 비교
짝수, 홀수

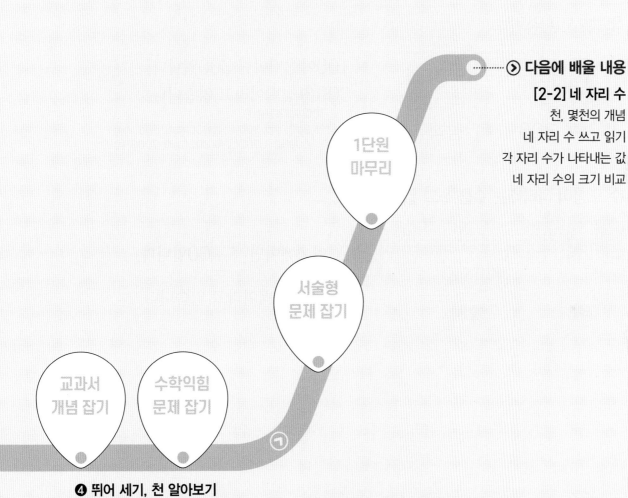

다음에 배울 내용

[2-2] 네 자리 수
천, 몇천의 개념
네 자리 수 쓰고 읽기
각 자리 수가 나타내는 값
네 자리 수의 크기 비교

1단원
마무리

서술형
문제 잡기

교과서
개념 잡기

수학익힘
문제 잡기

❹ 뛰어 세기, 천 알아보기
❺ 세 자리 수의 크기 비교하기

① 백, 몇백 알아보기

10이 10개인 수

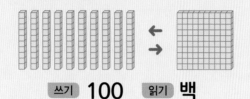

쓰기 **100** 읽기 **백**

10이 10개이면 100입니다.
100은 백이라고 읽습니다.

> 100은 90보다 10만큼 더 큰 수,
> 99보다 1만큼 더 큰 수로 나타낼 수 있어.

몇백 쓰고 읽기

쓰기 **300** 읽기 **삼백**

100이 3개이면 300입니다.
300은 삼백이라고 읽습니다.

∟ 100이 ■개인 수
→ 200(이백), 300(삼백), 400(사백), 500(오백),
600(육백), 700(칠백), 800(팔백), 900(구백)

개념 확인 1 수 모형이 나타내는 수를 쓰고 읽어 보세요.

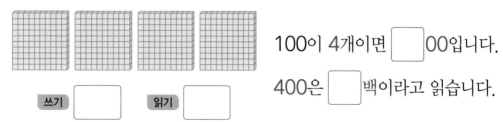

쓰기 [　　] 읽기 [　　]

100이 4개이면 [　]00입니다.

400은 [　]백이라고 읽습니다.

---

2 수 모형을 보고 ☐ 안에 알맞은 수를 써넣으세요.

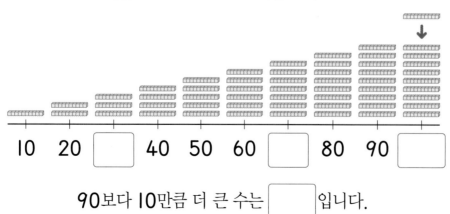

10　20　[　]　40　50　60　[　]　80　90　[　]

90보다 10만큼 더 큰 수는 [　]입니다.

3 ☐ 안에 알맞은 수를 써넣으세요.

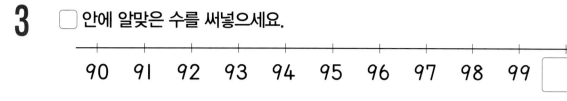

90 91 92 93 94 95 96 97 98 99 ☐

99보다 1만큼 더 큰 수는 ☐ 입니다.

4 600만큼 묶어 보고 ☐ 안에 알맞은 수를 써넣으세요.

100이 ☐ 개이면 600입니다.

5 수를 읽어 보세요.

(1) 900

→ (   )

(2) 700

→ (   )

6 같은 것끼리 이어 보세요.

(1) 500 ・　・ 100이 8개인 수 ・　・ 이백

(2) 800 ・　・ 100이 5개인 수 ・　・ 팔백

(3) 200 ・　・ 100이 2개인 수 ・　・ 오백

교과서 개념 잡기

개념 강의

② 세 자리 수 알아보기

0이 없는 세 자리 수 → 백 모형, 십 모형, 일 모형의 수를 차례로 써서 세 자리 수를 나타내.

백 모형	십 모형	일 모형
100이 2개	10이 3개	1이 7개

100이 2개 → 이백
10이 3개 → 삼십
1이 7개 → 칠

쓰기 237 **읽기** 이백삼십칠

일의 자리는 숫자만 읽어.

0이 있는 세 자리 수

백 모형	십 모형	일 모형
100이 2개	10이 0개	1이 7개

100이 2개 → 이백
10이 0개
1이 7개 → 칠

쓰기 207 **읽기** 이백칠

0인 자리는 읽지 않아.

개념 확인 1 수 모형이 나타내는 수를 쓰고 읽어 보세요.

백 모형	십 모형	일 모형
100이 2개	10이 5개	1이 ☐개

100이 ☐ 2 ☐ 개 → 이백
10이 ☐ 개 → 오십
1이 ☐ 개 → 사

쓰기 ☐ **읽기** ☐

---

2 모형을 보고 ☐ 안에 알맞은 수를 써넣으세요.

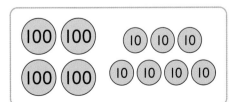

100이 ☐ 개, 10이 ☐ 개, 1이 0개이면

☐ 입니다.

3 수를 바르게 읽은 것에 ◯표 하세요.

(1)

652

(육백오이 , 육백오십이)

(2)

290

(이백구십 , 이백구십영)

4 빨대의 수를 쓰세요.

(   )

5 수를 쓰고 읽어 보세요.

100이 4개, 10이 2개, 1이 3개인 수

쓰기 (   ) 읽기 (   )

6 빈칸에 알맞은 말이나 수를 써넣으세요.

(1)

515

(2)

607

(3)

팔백사십사

(4)

삼백팔십

③ 각 자리 숫자가 나타내는 값 알아보기

272에서 각 자리 숫자가 나타내는 값

272에서
- 2는 백의 자리 숫자이고 **200**을 나타냅니다.
- 7은 십의 자리 숫자이고 **70**을 나타냅니다.
- 2는 일의 자리 숫자이고 **2**를 나타냅니다.

> 숫자가 같아도 자리에 따라 나타내는 값이 달라.
> 예 145 → 5
> 352 → 50
> 571 → 500

272를 (몇백) + (몇십) + (몇)으로 나타내기

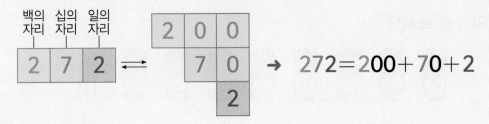

→ 272 = 200 + 70 + 2

개념 확인 1 413에서 각 자리 숫자가 얼마를 나타내는지 알아보세요.

413에서
- 4는 백의 자리 숫자이고 ☐ 을 나타냅니다.
- 1은 십의 자리 숫자이고 ☐ 을 나타냅니다.
- 3은 일의 자리 숫자이고 ☐ 을 나타냅니다.

2 269의 각 자리 숫자가 나타내는 값을 알아보려고 합니다. ☐ 안에 알맞은 수를 써넣으세요.

	백의 자리	십의 자리	일의 자리
숫자	2	☐	9
수 모형			
나타내는 값	100이 ☐ 개	10이 6개	1이 ☐ 개
	200	☐	☐

3 각 자리 숫자를 빈칸에 알맞게 써넣으세요.

(1) 658

백의 자리	십의 자리	일의 자리

(2) 307

백의 자리	십의 자리	일의 자리

4 세 자리 수를 (몇백)+(몇십)+(몇)으로 나타내려고 합니다. ☐ 안에 알맞은 수를 써넣으세요.

(1) 417 = ☐ + ☐ + ☐

(2) 943 = ☐ + ☐ + ☐

5 일의 자리 숫자가 2인 수에 ◯표 하세요.

214　　542

6 ☐ 안에 알맞은 말이나 수를 써넣으세요.

(1) 721에서 2는 ☐ 의 자리 숫자이고 ☐ 을/를 나타냅니다.

(2) 359에서 9는 ☐ 의 자리 숫자이고 ☐ 을/를 나타냅니다.

(3) 802에서 0은 ☐ 의 자리 숫자이고 ☐ 을/를 나타냅니다.

1 **백, 몇백 알아보기** 개념 008쪽

01 ☐ 안에 알맞은 수를 써넣으세요.

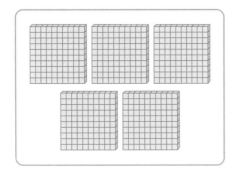

100이 **5**개이면 ☐ 입니다.

02 ☐ 안에 알맞은 수를 써넣으세요.

(1) **100**은 **99**보다 ☐ 만큼 더 큰 수입니다.

(2) ☐ 은/는 **90**보다 **10**만큼 더 큰 수입니다.

03 빈칸에 알맞은 수를 써넣으세요.

이백	삼백	사백

오백	육백	칠백

04 수 모형에 맞게 ☐ 안에 알맞은 수를 써넣고, 나타내는 수를 쓰세요.

(1)

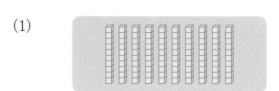

십 모형	일 모형
☐ 개	☐ 개

( )

(2)

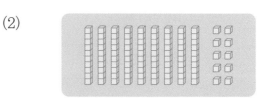

십 모형	일 모형
☐ 개	☐ 개

( )

05 〈보기〉에서 알맞은 수를 찾아 ☐ 안에 써넣으세요.

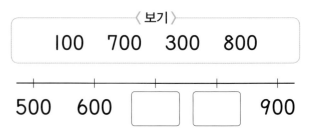

〈보기〉
100   700   300   800

500   600   ☐   ☐   900

06 빈칸에 알맞은 수를 써넣으세요.

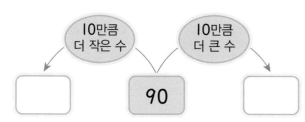

07 동전은 모두 얼마일까요?

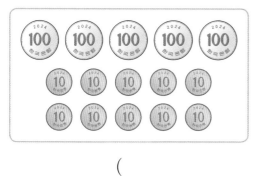

(　　　　　　　)

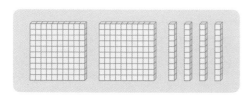
10원짜리 동전이 10개이면 얼마가 되는지 생각해 봐.

교과역량 콕! 추론 | 의사소통

08 수 모형에 대한 설명으로 알맞은 것을 찾아 기호를 쓰세요.

⊙ 200보다 작습니다.
ⓒ 200보다 크고 300보다 작습니다.
ⓒ 300보다 큽니다.

(　　　　　　　)

09 사탕이 한 상자에 50개씩 들어 있습니다. 두 상자에 들어 있는 사탕은 모두 몇 개일까요?

(　　　　　　　)

교과역량 콕! 문제해결 | 추론

10 500과 더 가까운 수에 ◯표 하세요.

400　　　　800

(　　　)　　(　　　)

2 세 자리 수 알아보기　개념 010쪽

11 ◯ 안에 알맞은 수를 써넣으세요.

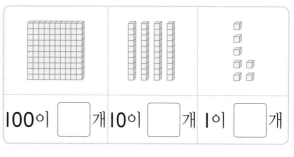

100이 ☐ 개 10이 ☐ 개 1이 ☐ 개

수 모형이 나타내는 수는

 입니다.

12 ☐ 안에 알맞은 수를 써넣으세요.

$$
\left.\begin{array}{r}
100\text{이 } 6\text{개} \\
10\text{이 } 1\text{개} \\
1\text{이 } 9\text{개}
\end{array}\right\}\text{이면}\ \boxed{}
$$

13 수를 바르게 읽은 것을 찾아 이어 보세요.

(1) 374 •   • 사백삼십칠

(2) 743 •   • 삼백칠십사

(3) 437 •   • 칠백사십삼

14 수를 쓰고 읽어 보세요.

> 100이 5개, 10이 6개인 수

쓰기 (   )

읽기 (   )

15 단추는 모두 몇 개인지 쓰세요.

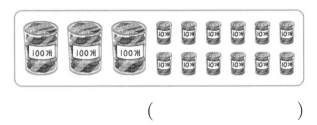

(   )

교과역량 콕! 의사소통 | 정보처리

16 음식의 가격표와 다온이가 산 음식을 적은 것입니다. 다온이가 산 음식의 가격은 모두 얼마인지 구하세요.

(   )

힌트 톡! 100원짜리 음식과 10원짜리 음식을 각각 몇 개 샀는지 알아봐.

3 각 자리 숫자가 나타내는 값 알아보기
개념 012쪽

17 ☐ 안에 알맞은 수를 써넣으세요.

167에서 백의 자리 숫자는 1,

십의 자리 숫자는 ☐,

일의 자리 숫자는 ☐ 입니다.

18 ☐ 안에 알맞은 말이나 수를 써넣으세요.

(1) **492**에서 **4**는 ☐ 의 자리 숫자이고,

☐ 을/를 나타냅니다.

(2) **957**에서 십의 자리 숫자는 ☐ 이고,

☐ 을/를 나타냅니다.

19 십의 자리 숫자가 더 큰 수를 쓰세요.

| 182　459 |

( )

20 세 자리 수를 (몇백)＋(몇십)＋(몇)으로 나타내려고 합니다. ☐ 안에 알맞은 수를 써넣으세요.

745 = ☐ + ☐ + ☐

21 숫자 **4**가 나타내는 값이 **400**인 수를 찾아 쓰세요.

| 461　324　942 |

( )

22 현우가 설명하는 수를 쓰세요.

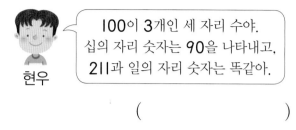

현우

100이 3개인 세 자리 수야.
십의 자리 숫자는 90을 나타내고,
211과 일의 자리 숫자는 똑같아.

( )

교과역량 콕! 추론

23 밑줄 친 숫자가 얼마를 나타내는지 수 모형에서 찾아 ○표 하세요.

222

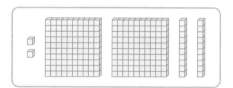

교과역량 콕! 연결 | 정보처리

24 수 배열표를 보고 물음에 답하세요.

780	781	782	783	784	785
790	791	792	793	794	795
800	801	802	803	804	805

(1) 십의 자리 숫자가 **0**인 수를 모두 찾아 ○표 하세요.

(2) 일의 자리 숫자가 **2**인 수를 모두 찾아 △표 하세요.

(3) ○표와 △표가 모두 표시된 수를 찾아 쓰고 읽어 보세요.

쓰기 ( )

읽기 ( )

개념 강의

④ 뛰어 세기, 천 알아보기

100, 10, 1씩 뛰어 세기

(1) 100씩 뛰어 세기

500   600   700   800   900

백의 자리 숫자가 **1**씩 커집니다.

(2) 10씩 뛰어 세기

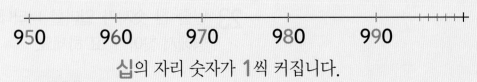

950   960   970   980   990

십의 자리 숫자가 **1**씩 커집니다.

(3) 1씩 뛰어 세기

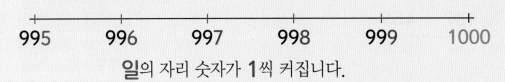

995   996   997   998   999   1000

일의 자리 숫자가 **1**씩 커집니다.

1000 쓰고 읽기

> 1000은 900보다 100만큼 더 큰 수로 나타낼 수 있어.

999보다 1만큼 더 큰 수는 1000입니다.
1000은 천이라고 읽습니다.

쓰기 1000   **읽기** 천

개념 확인 **1**

뛰어 세어 보세요.

(1) 100씩 뛰어 세기

100   200   300   ☐   ☐   600

(2) 10씩 뛰어 세기

110   120   ☐   140   ☐   160

(3) 1씩 뛰어 세기

111   112   113   ☐   115   ☐

2 ☐ 안에 알맞은 수를 써넣으세요.

(1) 990보다 10만큼 더 큰 수는 ☐ 입니다.

(2) 999보다 ☐ 만큼 더 큰 수는 1000입니다.

3 100씩 뛰어 세어 보세요.

225 - 325 - 425 - ☐ - ☐ - 725 - ☐

4 1씩 뛰어 세어 보세요.

783 - 784 - ☐ - 786 - ☐ - ☐ - 789

5 뛰어 센 것을 보고 ☐ 안에 알맞은 수를 써넣으세요.

138 - 238 - 338 - 438 - 538

→ ☐ 씩 뛰어 세었습니다.

6 670부터 10씩 뛰어 세면서 이어 보세요.

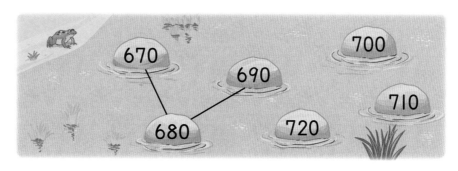

교과서 개념 잡기

⑤ 세 자리 수의 크기 비교하기

세 자리 수의 크기를 비교할 때에는 백, 십, 일의 자리 수를 차례로 비교합니다.
높은 자리의 숫자가 클수록 더 큰 수입니다.

백의 자리 수가 다른 경우	백의 자리 수는 같고 십의 자리 수가 다른 경우	백, 십의 자리 수가 각각 같고 일의 자리 수가 다른 경우
3̲84 < 5̲29	5 8̲ 4 > 5 2̲ 9	58 4̲ < 58 9̲
3 < 5	8 > 2	4 < 9

개념 확인 1 두 수의 크기를 각각 비교하여 ◯ 안에 > 또는 <를 알맞게 써넣으세요.

백의 자리 수가 다른 경우	백의 자리 수는 같고 십의 자리 수가 다른 경우	백, 십의 자리 수가 각각 같고 일의 자리 수가 다른 경우
9̲16 ◯ 7̲52	71̲6 ◯ 75̲2	716̲ ◯ 713̲
9 > 7	1 ◯ 5	6 ◯ 3

2 수 모형을 보고 241과 159의 크기를 비교하려고 합니다. ☐ 안에 알맞은 수를 써넣으세요.

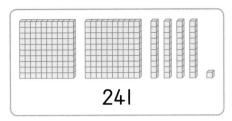

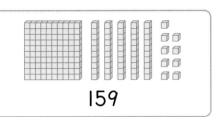

241   159

241에서 백 모형은 2개, 159에서 백 모형은 ☐개입니다.

➡ 241과 159 중 더 큰 수는 ☐입니다.

3 그림을 보고 420과 412의 크기를 비교하려고 합니다. ◯ 안에 > 또는 <를 알맞게 써넣으세요.

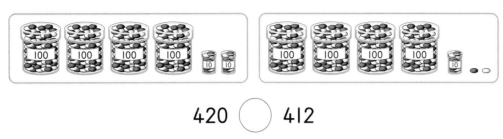

420 ◯ 412

1 단원

4 854와 857의 크기를 비교하려고 합니다. 물음에 답하세요.

(1) ☐ 안에 알맞은 수를 써넣으세요.

	백의 자리	십의 자리	일의 자리
854 →	8	5	☐
857 →	8	5	☐

(2) 두 수의 크기를 비교하여 ◯ 안에 > 또는 <를 알맞게 써넣으세요.

854 ◯ 857

5 두 수의 크기를 비교하여 ◯ 안에 > 또는 <를 알맞게 써넣으세요.

(1) 682 ◯ 467
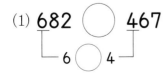
6 ◯ 4

(2) 575 ◯ 581
7 ◯ 8

(3) 115 ◯ 162

(4) 798 ◯ 796

④ 뛰어 세기, 천 알아보기 개념 018쪽

01 수 모형을 보고 □ 안에 알맞은 수나 말을 써넣으세요.

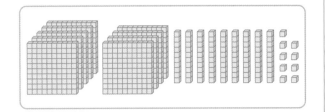

(1) 백 모형과 십 모형을 센 것에 이어서 일 모형을 세어 보세요.

991 − 992 − 993 − 994 − 995

− 996 − □ − □ − □

(2) 수 모형이 나타내는 수는 □ 입니다.

(3) 999보다 1만큼 더 큰 수는 □ 이고, □ (이)라고 읽습니다.

02 10씩 뛰어 세어 보세요.

421 431 □ 451 □

03 100씩 뛰어 세어 보세요.

373 − 473 − 573 − □ − □

04 뛰어 센 규칙을 찾아 빈칸에 알맞은 수를 써넣고, □ 안에 알맞은 수를 써넣으세요.

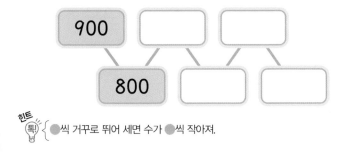

| | 473 | 483 | 493 | |

→ □ 씩 뛰어 세었습니다.

05 900에서 시작하여 100씩 거꾸로 뛰어 세어 보세요.

900 □ □
800 □ □

힌트
톡! { ●씩 거꾸로 뛰어 세면 수가 ●씩 작아져.

교과역량 콕! 문제해결 | 연결

06 수 배열표에서 수에 해당하는 글자를 찾아 낱말을 만들어 보세요.

540	541	ㄴ	543	544	545
550	551	552	553	ㅗ	ㅏ
ㄱ	561	562	ㅁ	564	565

560	554	563
↓	↓	↓

낱말 □

⑤ 세 자리 수의 크기 비교하기

개념 020쪽

07 □ 안에 알맞은 수를 쓰고, 두 수의 크기를 비교하여 ○ 안에 > 또는 <를 알맞게 써넣으세요.

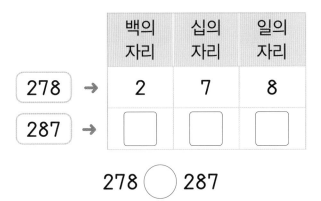

	백의 자리	십의 자리	일의 자리
278 →	2	7	8
287 →			

278 ○ 287

08 두 수의 크기를 비교하여 ○ 안에 > 또는 <를 알맞게 써넣으세요.

⑴ 531 ○ 425

⑵ 623 ○ 626

09 □ 안에 알맞은 수를 써넣으세요.

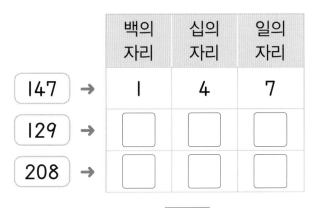

	백의 자리	십의 자리	일의 자리
147 →	1	4	7
129 →			
208 →			

가장 작은 수는 □ 입니다.

10 □ 안에 들어갈 수 있는 수를 찾아 ○표 하세요.

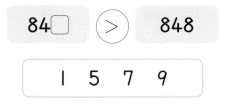

84□ > 848

| 1 | 5 | 7 | 9 |

11 수 카드를 한 번씩만 사용하여 □ 안에 알맞게 써넣으세요.

330
340 → 335 > □
350   345 > □
         355 > □

12 도서관에 소설책은 536권, 역사책은 276권이 있습니다. 소설책과 역사책 중 어느 것이 더 많을까요?

( )

교과역량 쏙! 문제해결

13 수 카드를 한 번씩만 사용하여 가장 큰 세 자리 수를 만들어 보세요.

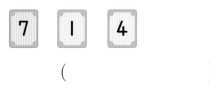

| 7 | 1 | 4 |

( )

힌트 톡톡 백의 자리 수가 클수록 더 큰 수야.

1

10원짜리 동전 **30**개는 모두 얼마인지 풀이 과정을 쓰고, 답을 구하세요.

[1단계] 10원짜리 동전 10개는 얼마인지 구하기

10원짜리 동전 **10**개는 [　　] 원입니다.

[2단계] 10원짜리 동전 30개는 얼마인지 구하기

100원씩 **3**개 있는 것과 같으므로

[　　] 원입니다.

(답) _____

2

10원짜리 동전 **50**개는 모두 얼마인지 풀이 과정을 쓰고, 답을 구하세요.

[1단계] 10원짜리 동전 10개는 얼마인지 구하기

_____

_____

[2단계] 10원짜리 동전 50개는 얼마인지 구하기

_____

_____

(답) _____

3

678과 **649** 중에서 더 작은 수는 무엇인지 풀이 과정을 쓰고, 답을 구하세요.

[1단계] 백의 자리 수 비교하기

백의 자리 수가 [　　] (으)로 같습니다.

[2단계] 십의 자리 수 비교하기

십의 자리 수를 비교하면

[　　] > [　　] 입니다.

[3단계] 더 작은 수 구하기

따라서 더 작은 수는 [　　] 입니다.

(답) _____

4

435와 **492** 중에서 더 작은 수는 무엇인지 풀이 과정을 쓰고, 답을 구하세요.

[1단계] 백의 자리 수 비교하기

_____

[2단계] 십의 자리 수 비교하기

_____

_____

[3단계] 더 작은 수 구하기

_____

(답) _____

5

숫자 **4**가 나타내는 **값**이 더 큰 수를 찾으려고 합니다. 풀이 과정을 쓰고, 답을 구하세요.

940　422

[1단계] 숫자 **4**가 나타내는 값 각각 구하기

숫자 **4**가 나타내는 값을 각각 구하면

940 → [   ], 422 → [   ] 입니다.

[2단계] 숫자 **4**가 나타내는 값이 더 큰 수 찾기

[   ] < [   ] 이므로 숫자 **4**가 나타내는

값이 더 큰 수는 [   ] 입니다.

답 _____

6

숫자 **7**이 나타내는 **값**이 더 큰 수를 찾으려고 합니다. 풀이 과정을 쓰고, 답을 구하세요.

792　817

[1단계] 숫자 **7**이 나타내는 값 각각 구하기

_____

_____

[2단계] 숫자 **7**이 나타내는 값이 더 큰 수 찾기

_____

_____

답 _____

1 단원

7

동전을 사용하여 **275원**을 두 가지 방법으로 나타내려고 합니다. 연서의 방법을 보고 ◯ 안에 알맞은 수를 써넣으세요.

[방법 1]은 100원짜리 **2**개로,
[방법 2]는 100원짜리 **1**개로
나타낼 거야.

연서

[방법 1]

100원짜리	10원짜리	1원짜리
[ ] 개	[ ] 개	5개

[방법 2]

100원짜리	10원짜리	1원짜리
[ ] 개	[ ] 개	5개

8

창의형

동전을 사용하여 **322원**을 두 가지 방법으로 나타내려고 합니다. 규민이의 말을 생각하여 ◯ 안에 알맞은 수를 써넣으세요.

10씩 10개는 100, 1씩 10개는
10인 것을 이용하면 다양하게
나타낼 수 있어.

규민

[방법 1]

100원짜리	10원짜리	1원짜리
[ ] 개	[ ] 개	[ ] 개

[방법 2]

100원짜리	10원짜리	1원짜리
[ ] 개	[ ] 개	[ ] 개

01 ☐ 안에 알맞은 수를 써넣으세요.

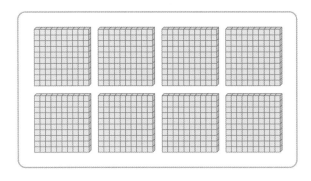

100이 8개이면 ☐ 입니다.

02 ☐ 안에 알맞은 수를 써넣으세요.

20 40 60 80 ☐

80보다 ☐ 만큼 더 큰 수는 100입니다.

03 옳은 것에 ○표, 틀린 것에 ×표 하세요.

· 100이 4개이면 40입니다.
( )

· 600은 100이 6개인 수입니다.
( )

04 빈칸에 알맞은 수를 써넣으세요.

칠백구십 ☐

05 ☐ 안에 알맞은 수를 써넣으세요.

537
5는 ☐ 을/를 나타냅니다.
3은 ☐ 을/를 나타냅니다.
7은 ☐ 을/를 나타냅니다.

537＝500＋☐＋☐

06 1씩 뛰어 세어 보세요.

996	997		999	

07 ☐ 안에 알맞은 수를 쓰고, 두 수의 크기를 비교하여 ○ 안에 ＞ 또는 ＜를 알맞게 써넣으세요.

	백의 자리	십의 자리	일의 자리
824 →	8	2	4
819 →	☐	☐	☐

824 ○ 819

08 연필의 수를 쓰세요.

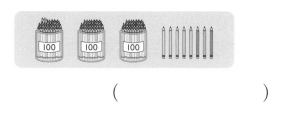

( )

09 밑줄 친 숫자가 나타내는 값을 쓰세요.

6̲48

( )

10 100이 4개, 10이 9개, 1이 8개인 수를 쓰고 읽어 보세요.

쓰기 ( )

읽기 ( )

11 뛰어 세는 규칙을 찾아 ☐ 안에 알맞은 수를 써넣으세요.

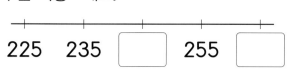

12 뛰어 세기에 대해 바르게 설명한 사람의 이름을 쓰세요.

> 도율: 100씩 뛰어 세면 백의 자리 숫자 가 1씩 커져.
> 주경: 10씩 뛰어 세면 십의 자리 숫자 가 10씩 커져.

( )

13 수학책은 168쪽, 국어책은 256쪽입니 다. 수학책과 국어책 중 쪽수가 더 많은 것 은 어느 것일까요?

( )

14 750에서 시작하여 100씩 거꾸로 뛰어 세어 보세요.

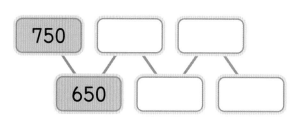

15 수의 크기를 비교하여 가장 큰 수를 쓰세요.

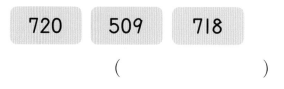

( )

16 숫자 3이 30을 나타내는 수는 모두 몇 개일까요?

307	273	534
813	630	375

( )

17 ☐ 안에 들어갈 수 있는 수를 모두 찾아 ◯표 하세요.

42☐ > 427

5   6   7   8   9

18 수 카드를 한 번씩만 사용하여 가장 큰 세 자리 수를 만들어 보세요.

3   5   8

( )

19 10원짜리 동전 70개는 얼마인지 풀이 과정을 쓰고, 답을 구하세요.

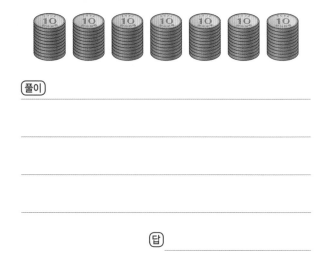

풀이

답

20 숫자 5가 나타내는 값이 더 큰 수를 찾으려고 합니다. 풀이 과정을 쓰고, 답을 구하세요.

659   235

풀이

답

슝~ 비행기를 타고 신나게 여행을 떠나 봐요.
100부터 1씩 뛰어 세는 방법으로 점을 이어 보고, 완성한 비행기를 알록달록
색칠도 해 보세요.
자 그럼, 여행 시작합니다!

2

여러 가지 도형

학습을 끝낸 후
색칠하세요.

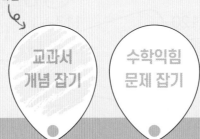

교과서
개념 잡기

수학익힘
문제 잡기

❶ 삼각형, 사각형 알아보기
❷ 원 알아보기

⌄ 이전에 배운 내용

[1-1] 여러 가지 모양

◻, ⬭, ⬤ 모양 찾기

[1-2] 모양과 시각

◻, ▲, ⬤ 모양 찾기

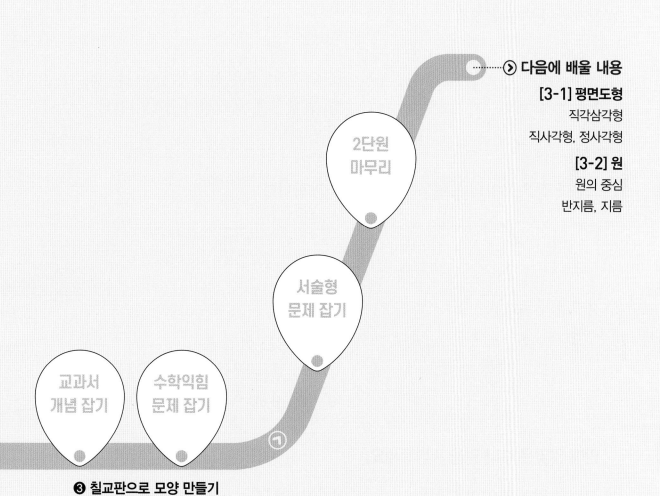

2단원
마무리

서술형
문제 잡기

교과서
개념 잡기

수학익힘
문제 잡기

❸ 칠교판으로 모양 만들기
❹ 쌓기나무로 모양 만들기

STEP 1 교과서 개념 잡기

① 삼각형, 사각형 알아보기

삼각형

(1) 그림과 같은 모양의 도형을 **삼각형**이라고 합니다.

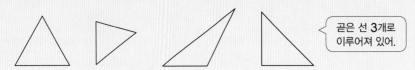

곧은 선 3개로
이루어져 있어.

(2) 삼각형의 변과 꼭짓점

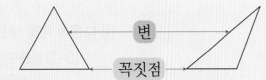

① 변: 곧은 선
② 꼭짓점: 곧은 선 2개가 만나는 점
③ 변이 3개, 꼭짓점이 3개입니다.

사각형

(1) 그림과 같은 모양의 도형을 **사각형**이라고 합니다.

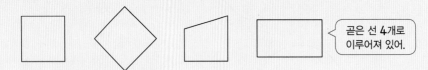

곧은 선 4개로
이루어져 있어.

(2) 사각형의 변과 꼭짓점

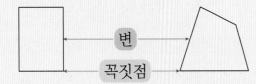

① 변: 곧은 선
② 꼭짓점: 곧은 선 2개가 만나는 점
③ 변이 4개, 꼭짓점이 4개입니다.

개념 확인 1

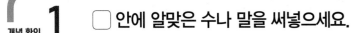 안에 알맞은 수나 말을 써넣으세요.

(1) 그림과 같은 모양의 도형을 ☐ 이라고 합니다.

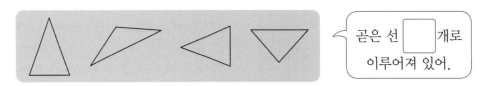

곧은 선 ☐ 개로
이루어져 있어.

(2) 그림과 같은 모양의 도형을 ☐ 이라고 합니다.

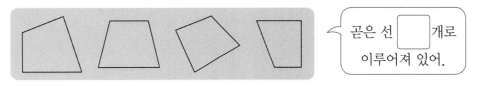

곧은 선 ☐ 개로
이루어져 있어.

2 삼각형을 모두 찾아 선을 따라 그려 보세요.

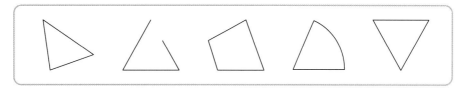

3 사각형을 모두 찾아 선을 따라 그려 보세요.

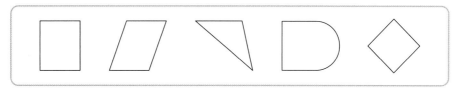

4 도형을 보고 ☐ 안에 알맞은 수를 써넣으세요.

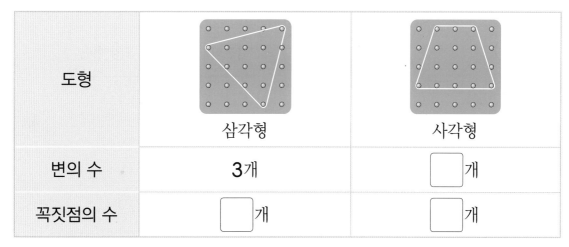

도형	삼각형	사각형
변의 수	3개	☐개
꼭짓점의 수	☐개	☐개

5 주어진 점을 이어 삼각형과 사각형을 그려 보세요.

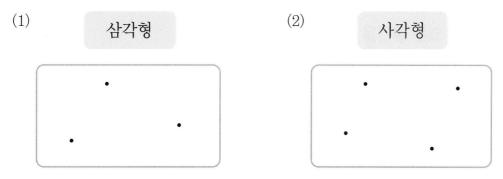

(1) 삼각형

(2) 사각형

개념 강의

② 원 알아보기

(1) 그림과 같은 모양의 도형을 **원**이라고 합니다.

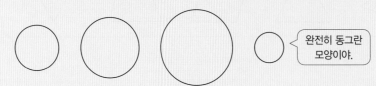

완전히 동그란 모양이야.

(2) 원의 특징

① 뾰족한 부분이 없습니다.

② 곧은 선이 없고, 굽은 선으로 이어져 있습니다.

③ 어느 쪽에서 보아도 똑같이 동그란 모양입니다.

④ 크기는 다르지만 생긴 모양이 서로 같습니다.

개념 확인

1 □ 안에 알맞은 말을 써넣으세요.

그림과 같은 모양의 도형을 □이라고 합니다.

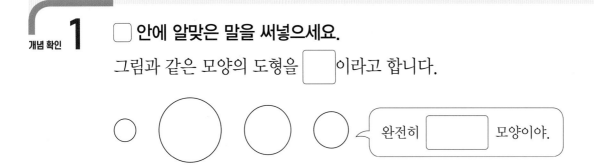

완전히 □ 모양이야.

2 컵을 본떠서 그린 도형을 찾아 ○표 하세요.

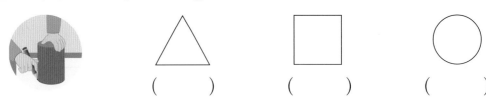

( )　　　　( )　　　　( )

3 원 모양이 있는 물건을 모두 찾아 기호를 쓰세요.

가　　나　　다　　라　　마

( )

4 원을 찾아 선을 따라 그려 보세요.

(1)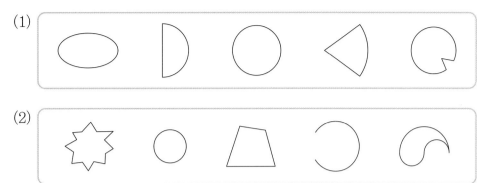

(2)

5 원에 대한 설명이 맞으면 ◯표, 틀리면 ×표 하세요.

(1) 원은 굽은 선으로 이어져 있어.

(   )

(2) 모든 원은 크기와 모양이 모두 같아.

(   )

(3) 원은 완전히 동그란 모양이야.

(   )

(4) 원은 뾰족한 부분이 있어.

(   )

6 주변의 물건이나 모양 자를 이용하여 크기가 다른 원을 2개 그려 보세요.

1 삼각형, 사각형 알아보기 개념 032쪽

01 삼각형 모양이 있는 물건을 모두 찾아 ○표 하세요.

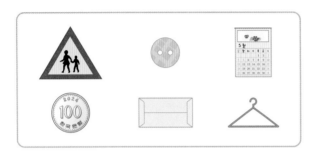

02 사각형을 찾아 ○표 하세요.

( ) ( ) ( )

03 □ 안에 알맞은 수나 말을 써넣으세요.

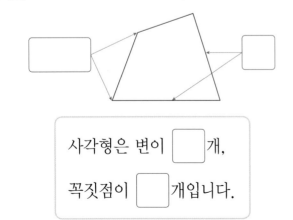

사각형은 변이 □개,
꼭짓점이 □개입니다.

04 삼각형을 완성해 보세요.

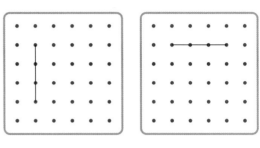

05 여러 가지 사각형을 완성해 보세요.

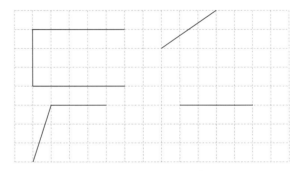

06 삼각형을 모두 찾아 색칠해 보세요.

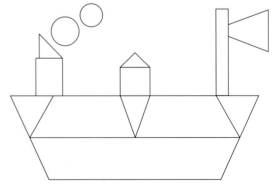

힌트 톡! 곧은 선 3개로 이루어진 도형을 찾아봐!

07 삼각형과 사각형의 공통점을 옳게 말한 사람의 이름을 쓰세요.

규민　　　　　　주경

(　　　　　　　)

교과역량 콕! 연결

08 그림에 선을 그어 삼각형 2개와 사각형 1개로 나누어 보세요.

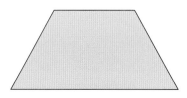

② **원 알아보기**　　　　　개념 034쪽

09 원 모양을 찾을 수 있는 물건입니다. 물건 위에 원을 그려 보세요.

10 원은 모두 몇 개일까요?

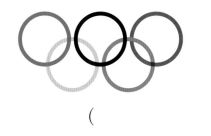

(　　　　　　　)

11 설명하는 도형의 이름을 쓰세요.

> • 굽은 선으로 이어져 있습니다.
> • 변과 꼭짓점이 없습니다.
> • 동전을 본떠 그릴 수 있습니다.

(　　　　　　　)

12 원을 모두 찾아 원 안에 있는 수의 합을 구하세요.

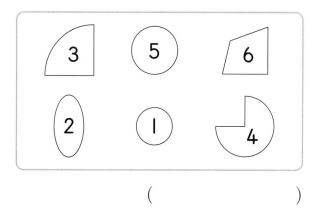

(　　　　　　　)

교과역량 콕! 연결

13 삼각형, 사각형, 원을 이용하여 왕관을 꾸며 보세요.

교과서 개념 잡기

③ 칠교판으로 모양 만들기

칠교판

칠교 조각은 모두 **7**개입니다. 삼각형은 **5**개, 사각형은 **2**개입니다.

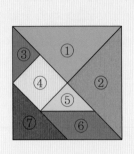

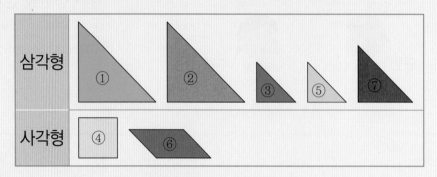

삼각형	①	②	③	⑤	⑦
사각형	④	⑥			

세 조각으로 삼각형과 사각형 만들기

모양을 만들 때에는 변끼리 서로 맞닿게 붙여야 합니다.

삼각형	사각형
④ ③ ⑤	⑤ ③ ④

개념 확인 1 칠교판을 보고 삼각형과 사각형을 찾아 번호를 쓰세요.

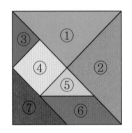

삼각형	①, ②,
사각형	

개념 확인 2 세 조각을 모두 이용하여 삼각형과 사각형을 완성해 보세요.

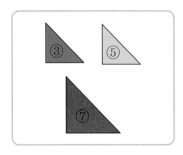

삼각형	사각형
⑦	⑦

3 두 조각을 모두 이용하여 삼각형을 바르게 만든 것에 ◯표 하세요.

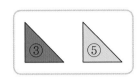

(   )   (   )

4 ☐ 안에 알맞은 수를 써넣으세요.

(1) 조각은 조각 ☐ 개와 크기가 같습니다.

(2) 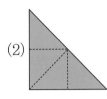 조각은 조각 ☐ 개와 크기가 같습니다.

(3)  조각은 조각 ☐ 개와 크기가 같습니다.

5 ③ , ⑥ 조각을 모두 이용하여 사각형을 만들어 보세요.

(1)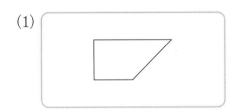

(2)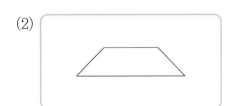

6 칠교 두 조각을 이용하여 ④번 조각을 만들어 보세요.

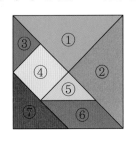 → ④번 조각

교과서 개념 잡기

개념 강의

④ 쌓기나무로 모양 만들기

쌓은 모양을 설명하는 말

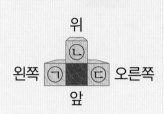

빨간색 쌓기나무의
┌ **왼쪽**에 있는 쌓기나무: ㉠
├ **위**에 있는 쌓기나무: ㉡
└ **오른쪽**에 있는 쌓기나무: ㉢

설명대로 똑같이 쌓기

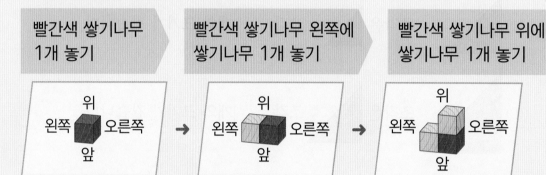

| 빨간색 쌓기나무 1개 놓기 | 빨간색 쌓기나무 왼쪽에 쌓기나무 1개 놓기 | 빨간색 쌓기나무 위에 쌓기나무 1개 놓기 |

쌓기나무로 여러 가지 모양 만들기

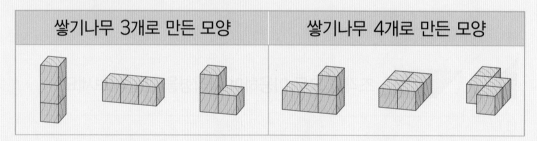

| 쌓기나무 3개로 만든 모양 | 쌓기나무 4개로 만든 모양 |

개념 확인 1 설명대로 똑같이 쌓은 것입니다. ☐ 안에 알맞은 말을 써넣으세요.

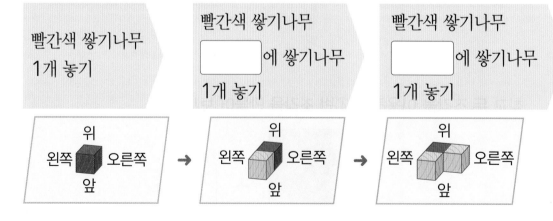

빨간색 쌓기나무
1개 놓기

빨간색 쌓기나무
[   ]에 쌓기나무
1개 놓기

빨간색 쌓기나무
[   ]에 쌓기나무
1개 놓기

2 〈 보기 〉와 같이 빨간색 쌓기나무 오른쪽에 있는 쌓기나무를 찾아 ○표 하세요.

3 설명대로 쌓은 모양에 ○표 하세요.

> 빨간색 쌓기나무가 1개 있고, 그 위에 쌓기나무가 2개 있습니다.
> 그리고 빨간색 쌓기나무 왼쪽에 쌓기나무가 1개 있습니다.

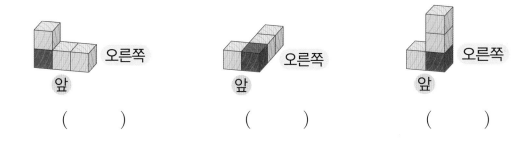

(   )   (   )   (   )

4 쌓기나무 5개로 만든 모양에 모두 ○표 하세요.

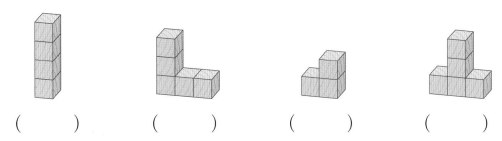

(   )   (   )   (   )   (   )

5 쌓기나무로 쌓은 모양에 대한 설명입니다. 알맞은 수와 말에 ○표 하세요.

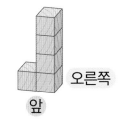

> 쌓기나무 (2 , 3)개가 1층에 옆으로 나란히 있고,
> (오른쪽 , 왼쪽) 쌓기나무 위에 쌓기나무 3개가
> 있습니다.

③ **칠교판으로 모양 만들기** 개념 038쪽

01 칠교 조각이 삼각형이면 초록색, 사각형이면 빨간색으로 색칠해 보세요.

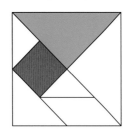

02 칠교 조각에 대해 바르게 말한 사람을 찾아 이름을 쓰세요.

도율 — 칠교 조각에는 삼각형, 사각형, 원이 있어.

리아 — 칠교 조각 중 삼각형은 2개야.

현우 — 칠교 조각 중 크기가 가장 큰 조각은 삼각형이야.

(   )

03 칠교 조각을 이용하여 만든 모양입니다. 이용한 삼각형과 사각형은 각각 몇 개인지 구하세요.

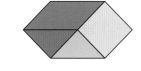

삼각형	개
사각형	개

[04~05] ⟨보기⟩의 칠교 조각을 모두 이용하여 주어진 도형을 만들어 보세요.

⟨보기⟩

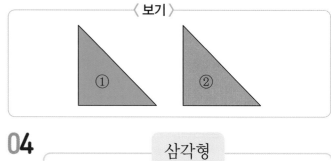

04 삼각형

05 사각형

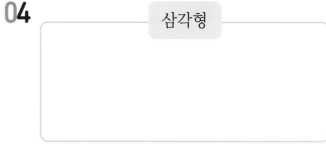

교과역량 **콕!** 문제해결

06 세 조각을 모두 이용하여 삼각형을 만들어 보세요.

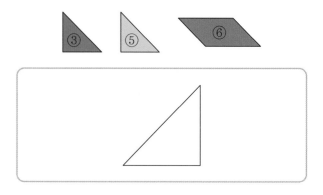

교과역량 콕! 문제해결

07 세 조각을 모두 이용하여 사각형을 만들어 보세요.

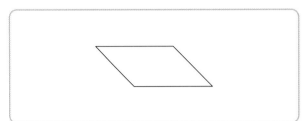

08 다른 칠교 조각을 이용하여 ②번 조각을 만들어 보세요.

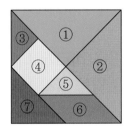

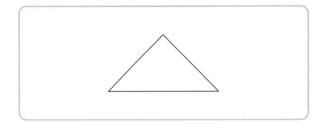

교과역량 콕! 연결

09 칠교 조각을 모두 이용하여 집 모양을 완성해 보세요.

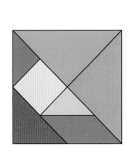 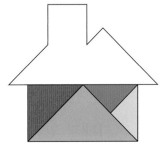

---

4 **쌓기나무로 모양 만들기**   개념 040쪽

10 연우와 동재가 쌓기나무로 높이 쌓기 놀이를 하고 있습니다. 더 높이 쌓을 수 있는 사람은 누구일까요?

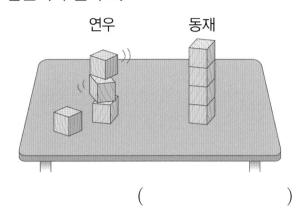

(   )

[11~12] 친구들이 설명하는 쌓기나무를 찾아 ◯표 하세요.

11 미나

빨간색 쌓기나무의 뒤에 있는 쌓기나무

오른쪽

앞

12 준호

빨간색 쌓기나무의 왼쪽에 있는 쌓기나무

오른쪽

앞

13 쌓기나무를 쌓은 모양을 보고 바르게 설명한 사람의 이름을 쓰세요.

> 준호: 빨간색 쌓기나무 앞에 쌓기나무 2개가 있어.
> 연서: 빨간색 쌓기나무 왼쪽에 쌓기나무 2개가 있어.

( )

14 쌓기나무 4개로 만든 모양이 <u>아닌</u> 것을 찾아 기호를 쓰세요.

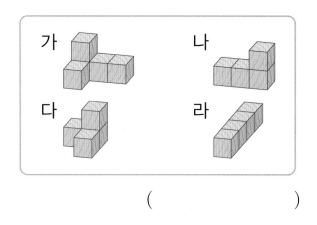

( )

15 쌓기나무로 쌓은 모양을 보고 <u>잘못</u> 설명한 것의 기호를 쓰세요.

> ㉠ 1층에 쌓기나무가 3개 있습니다.
> ㉡ 쌓기나무 6개로 쌓은 모양입니다.

( )

16 설명대로 쌓은 모양을 찾아 이어 보세요.

> 쌓기나무 3개가 1층에 옆으로 나란히 있고, 맨 왼쪽과 가운데 쌓기나무 위에 쌓기나무가 각각 1개씩 있습니다.

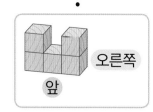

17 쌓은 모양을 바르게 나타내도록 〈보기〉에서 알맞은 말을 골라 쓰세요.

> ───〈보기〉───
> 위, 앞, 뒤, 오른쪽, 왼쪽

(1)

쌓기나무 3개가 옆으로 나란히 있고, 가운데 쌓기나무 [ ]에 쌓기나무 1개가 있습니다.

(2)

쌓기나무 3개가 옆으로 나란히 있고, 맨 왼쪽 쌓기나무 [ ]에 쌓기나무 1개가 있습니다.

18 주어진 조건에 맞게 쌓기나무를 색칠해 보세요.

> • 빨간색 쌓기나무의 오른쪽에 파란색 쌓기나무
> • 파란색 쌓기나무의 위에 초록색 쌓기나무

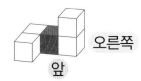

앞 / 오른쪽

 **문제해결 | 추론**

19 로봇을 작동시켜 쌓기나무를 다음 모양으로 정리하려고 합니다. 빈 곳에 필요한 명령어를 〈보기〉에서 찾아 기호를 쓰세요.

앞 / 오른쪽

> ▶ "정리해."라고 말할 때
> 빨간색 쌓기나무 놓기
> 빨간색 쌓기나무 왼쪽에 쌓기나무 1개 놓기
> 　 ⬙

〈보기〉

㉠ 빨간색 쌓기나무 위에 쌓기나무 1개 놓기

㉡ 빨간색 쌓기나무 앞에 쌓기나무 1개 놓기

㉢ 빨간색 쌓기나무 뒤에 쌓기나무 1개 놓기

(　　　　　)

20 왼쪽 모양에서 쌓기나무 1개를 옮겨 오른쪽과 똑같은 모양을 만들려고 합니다. 왼쪽 모양에서 옮겨야 할 쌓기나무에 ◯표 하세요.

(1)

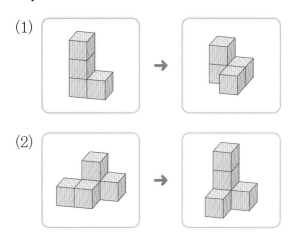

(2)

21 쌓기나무로 쌓은 모양에 대한 설명입니다. 틀린 부분을 찾아 바르게 고쳐 보세요.

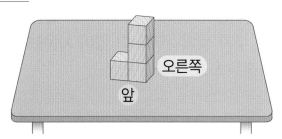

앞 / 오른쪽

> 1층에 쌓기나무 2개가 옆으로 나란히 있고, 왼쪽 쌓기나무 위에 쌓기나무 1개가 있습니다.

2 단원

1

삼각형의 변의 수와 **사각형**의 꼭짓점의 수의 합은 몇 개인지 구하려고 합니다. 풀이 과정을 쓰고, 답을 구하세요.

[1단계] 삼각형의 변의 수와 사각형의 꼭짓점의 수 알기

삼각형의 변은 ☐ 개이고, 사각형의 꼭짓점은 ☐ 개입니다.

[2단계] 삼각형의 변의 수와 사각형의 꼭짓점의 수의 합 구하기

삼각형의 변의 수와 사각형의 꼭짓점의 수의 합은 ☐ + ☐ = ☐ (개)입니다.

답 _____

2

사각형의 변의 수와 **원**의 꼭짓점의 수의 합은 몇 개인지 구하려고 합니다. 풀이 과정을 쓰고, 답을 구하세요.

[1단계] 사각형의 변의 수와 원의 꼭짓점의 수 알기

_____

_____

[2단계] 사각형의 변의 수와 원의 꼭짓점의 수의 합 구하기

_____

_____

답 _____

3

규민이와 주경이가 쌓기나무로 쌓은 모양입니다. 누가 쌓기나무를 **더 많이 사용했는지** 풀이 과정을 쓰고, 답을 구하세요.

규민   주경

[1단계] 규민이와 주경이가 사용한 쌓기나무의 수 구하기

사용한 쌓기나무는 규민이가 ☐ 개, 주경이가 ☐ 개입니다.

[2단계] 누가 쌓기나무를 더 많이 사용했는지 찾기

☐ 이가 쌓기나무를 더 많이 사용했습니다.

답 _____

4

도율이와 리아가 쌓기나무로 쌓은 모양입니다. 누가 쌓기나무를 **더 적게 사용했는지** 풀이 과정을 쓰고, 답을 구하세요.

도율   리아

[1단계] 도율이와 리아가 사용한 쌓기나무의 수 구하기

_____

_____

[2단계] 누가 쌓기나무를 더 적게 사용했는지 찾기

_____

답 _____

5

크고 작은 **삼각형**은 모두 몇 개인지 풀이 과정을 쓰고, 답을 구하세요.

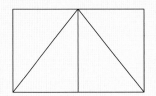

(1단계) 작은 도형 1개로 이루어진 삼각형의 개수 구하기

작은 도형 1개로 이루어진 삼각형: ☐ 개

(2단계) 작은 도형 2개로 이루어진 삼각형의 개수 구하기

작은 도형 2개로 이루어진 삼각형: ☐ 개

(3단계) 크고 작은 삼각형은 모두 몇 개인지 구하기

크고 작은 삼각형은 모두

☐ + ☐ = ☐ (개)입니다.

답 _____

6

크고 작은 **사각형**은 모두 몇 개인지 풀이 과정을 쓰고, 답을 구하세요.

(1단계) 작은 도형 1개로 이루어진 사각형의 개수 구하기

_____

(2단계) 작은 도형 2개로 이루어진 사각형의 개수 구하기

_____

(3단계) 크고 작은 사각형은 모두 몇 개인지 구하기

_____

답 _____

7

종이에 미나가 그은 선을 보고 그은 선을 따라 자르면 어떤 도형이 몇 개 생기는지 쓰세요.

 미나 | 나는 종이에 ✕표 모양으로 곧은 선 2개를 그었어.

(1단계) 주어진 종이에 선 긋기

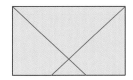

(2단계) 어떤 도형이 몇 개 생기는지 설명하기

선을 따라 자르면 삼각형이 ☐ 개,

사각형이 ☐ 개 생깁니다.

8

창의형

종이에 선을 그은 후, 그은 선을 따라 자르면 어떤 도형이 몇 개 생기는지 쓰세요.

 현우 | 종이 위에 미나의 방법과 다르게 곧은 선 2개를 그어 봐.

(1단계) 주어진 종이에 선 긋기

(2단계) 어떤 도형이 몇 개 생기는지 설명하기

_____

_____

2단원

[01~03] 도형을 보고 물음에 답하세요.

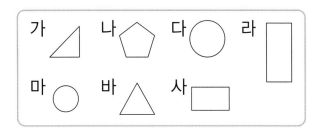

01 삼각형을 모두 찾아 기호를 쓰세요.

(   )

02 사각형을 모두 찾아 기호를 쓰세요.

(   )

03 원을 모두 찾아 기호를 쓰세요.

(   )

04 ☐ 안에 알맞은 수나 말을 써넣으세요.

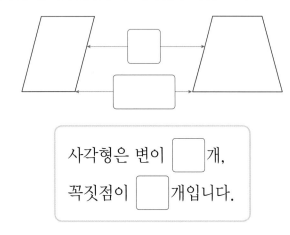

사각형은 변이 ☐ 개,

꼭짓점이 ☐ 개입니다.

05 다음 중 원에 대한 설명으로 틀린 것을 찾아 기호를 쓰세요.

> ㉠ 곧은 선이 없습니다.
> ㉡ 어느 쪽에서 보아도 모양이 똑같습니다.
> ㉢ 꼭짓점이 **3**개 있습니다.

(   )

06 설명하는 쌓기나무를 찾아 ◯표 하세요.

> 빨간색 쌓기나무의
> 왼쪽에 있는 쌓기나무

오른쪽

앞

07 서로 다른 삼각형을 2개 그려 보세요.

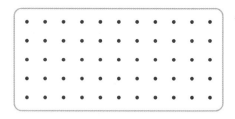

08 주변에서 사각형 모양의 물건을 2가지 찾아 쓰세요.

(   )

09 쌓기나무 5개로 만든 모양에 ◯표 하세요.

(   )   (   )

10 칠교 조각을 이용하여 만든 모양입니다. 이용한 삼각형과 사각형은 각각 몇 개인지 구하세요.

삼각형	개
사각형	개

11 두 조각을 모두 이용하여 사각형을 만들어 보세요.

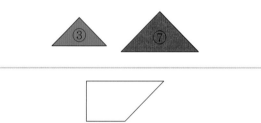

12 설명대로 쌓은 모양에 ◯표 하세요.

쌓기나무 **3**개가 Ⅰ층에 옆으로 나란히 있고, 맨 왼쪽 쌓기나무 앞과 가운데 쌓기나무 위에 쌓기나무가 각각 Ⅰ개씩 있습니다.

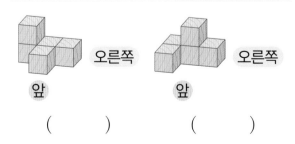

(   )   (   )

13 사용한 쌓기나무의 수가 나머지 넷과 <u>다른</u> 하나는 어느 것일까요? (   )

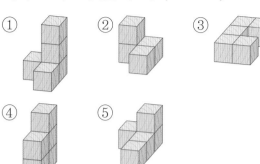

14 쌓기나무로 쌓은 모양에 대한 설명입니다. 알맞은 수와 말에 ◯표 하세요.

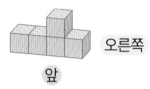

쌓기나무 (**3** , **4**)개가 Ⅰ층에 옆으로 나란히 있고, 오른쪽에서 두 번째 쌓기나무 (위 , 앞 , 뒤)에 쌓기나무 Ⅰ개가 있습니다.

15 칠교 조각을 이용하여 오른쪽 모양을 만들었습니다. 사용하지 <u>않은</u> 조각을 모두 찾아 번호를 쓰세요.

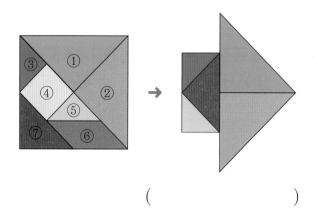

(   )

16 색종이를 선을 따라 자르면 사각형이 몇 개 생길까요?

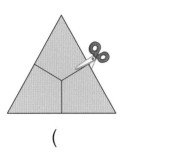

(   )

17 칠교 조각을 모두 사용하여 고양이 모양을 완성해 보세요.

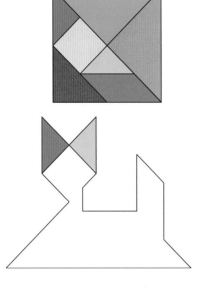

18 왼쪽 모양에서 쌓기나무 1개를 옮겨 오른쪽 과 똑같은 모양을 만들려고 합니다. 왼쪽 모 양에서 옮겨야 할 쌓기나무에 ◯표 하세요.

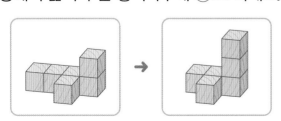

서술형

19 원의 변의 수와 삼각형의 꼭짓점의 수의 합은 몇 개인지 풀이 과정을 쓰고, 답을 구 하세요.

풀이 _____

_____

_____

답 _____

20 준호와 연서가 쌓기나무로 쌓은 모양입니 다. 누가 쌓기나무를 더 적게 사용했는지 풀이 과정을 쓰고, 답을 구하세요.

준호   연서

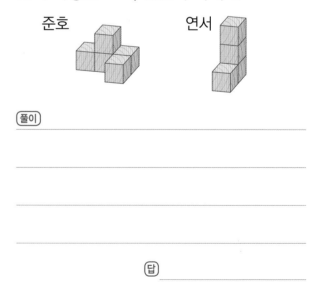

풀이 _____

_____

_____

답 _____

창의력 쑥쑥

우아~! 내가 좋아하는 인형이 모두 있어요.

방향 버튼을 눌러서 뽑고 싶은 인형 위에 집게가 도착하면  버튼을 누르기!

친구들이 뽑고 싶은 인형은 무엇인가요?

인형이 놓여 있는 위치에 맞게 방향 버튼을 눌러요~!

내가 뽑고 싶은 인형

정답은 개념책 152쪽에서 확인하세요.

3

덧셈과 뺄셈

학습을 끝낸 후
색칠하세요.

교과서
개념 잡기

수학익힘
문제 잡기

교과서
개념 잡기

수학익힘
문제 잡기

❶ (두 자리 수)+(한 자리 수)
❷ (두 자리 수)+(두 자리 수) (1)
❸ (두 자리 수)+(두 자리 수) (2)

❹ (두 자리 수)−(한 자리 수)
❺ (몇십)−(몇십몇)
❻ (두 자리 수)−(두 자리 수)

이전에 배운 내용

[1-2] 덧셈과 뺄셈
세 수의 덧셈과 뺄셈
(몇)+(몇)=(십몇)
(십몇)−(몇)=(몇)
받아올림이 없는 두 자리 수의 덧셈
받아내림이 없는 두 자리 수의 뺄셈

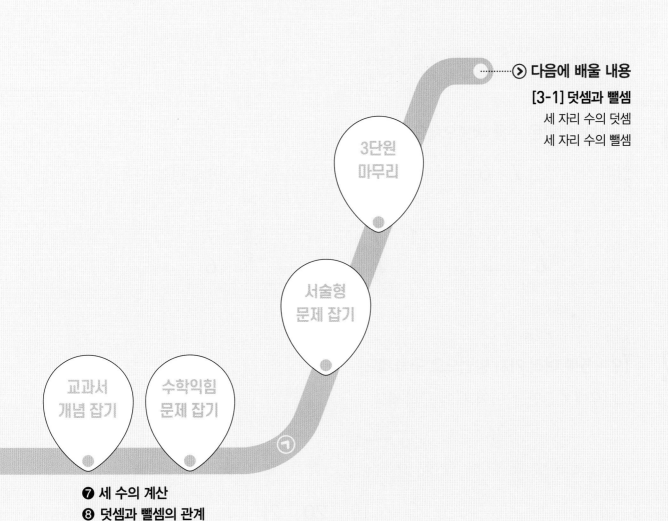

⚫⚫⚫⚫⚫⚫⚫⚫◉ **다음에 배울 내용**

[3-1] 덧셈과 뺄셈
세 자리 수의 덧셈
세 자리 수의 뺄셈

3단원
마무리

서술형
문제 잡기

교과서
개념 잡기

수학익힘
문제 잡기

㉠

❼ 세 수의 계산
❽ 덧셈과 뺄셈의 관계
❾ ☐의 값 구하기

교과서 개념 잡기

개념 강의

① (두 자리 수)+(한 자리 수) ▶ 받아올림이 있는 경우

25+7 계산하기

일의 자리 계산 **5+7=12**에서 **10**은 십의 자리로 받아올림합니다.

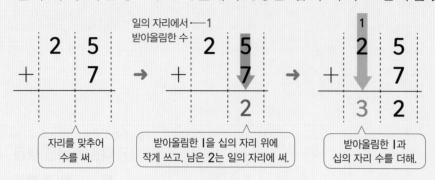

일의 자리에서 받아올림한 수 ──1

자리를 맞추어 수를 써.

받아올림한 1을 십의 자리 위에 작게 쓰고, 남은 2는 일의 자리에 써.

받아올림한 1과 십의 자리 수를 더해.

개념 확인 1

□ 안에 알맞은 수를 써넣으세요.

일의 자리 계산 **7+6=**□에서 □은 십의 자리로 받아올림합니다.

```
    1 7          1 7          1 7
+     6    →  +   6    →  + ↓   6
                  □           □  □
```

2 **19+5**를 여러 가지 방법으로 구하세요.

(1) **19**에서 **5**만큼 이어 세어 구하세요.

☆☆☆☆☆☆☆☆☆☆
☆☆☆☆☆☆☆☆☆☆   ☆ ☆ ☆ ☆ ☆

19 20 21 □ □ □

→ 19+5=□

(2) 더하는 수 **5**만큼 △를 그려 구하세요.

○○○○○   ○○○○○
○○○○○   ○○○○○

→ 19+5=□

3 수 모형으로 37+8을 어떻게 계산하는지 알아보세요.

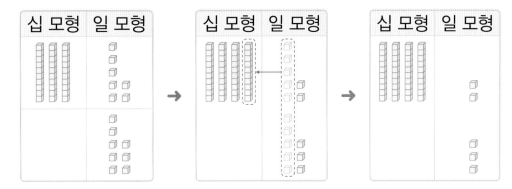

(1) 일 모형 **7**개와 **8**개를 더하면 ☐ 개입니다.

(2) 37+8은 십 모형 **4**개, 일 모형 ☐ 개와 같습니다.

(3) 37+8=☐

4 ☐ 안에 알맞은 수를 써넣으세요.

(1)

$$\boxed{13+9 \quad \overset{7 \quad 2}{\swarrow \searrow}}$$

13+9=13+7+2

    =☐+2=☐

(2)

$$\boxed{24+7 \quad \overset{6 \quad 1}{\swarrow \searrow}}$$

24+7=24+6+1

    =☐+1=☐

5 계산해 보세요.

(1)
$$\begin{array}{r} 1\ 8 \\ +\quad 5 \\ \hline \end{array}$$

(2)
$$\begin{array}{r} 3\ 6 \\ +\quad 9 \\ \hline \end{array}$$

6 빈칸에 알맞은 수를 써넣으세요.

(1)

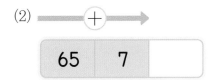

73	8	

(2)

65	7	

교과서 개념 잡기

개념 강의

② (두 자리 수)＋(두 자리 수) ⑴ ▶ 일의 자리에서 받아올림이 있는 경우

28＋17 계산하기

일의 자리 계산 **8＋7＝15**에서 **10**은 십의 자리로 받아올림합니다.

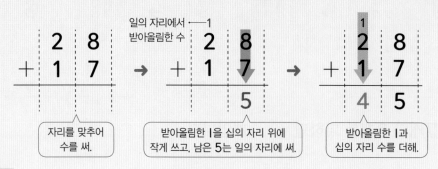

일의 자리에서 ┌1
받아올림한 수

```
  2  8        2  8        1
+ 1  7   →  + 1  7   →    2  8
                    5   + 1  7
                          4  5
```

자리를 맞추어
수를 써.

받아올림한 1을 십의 자리 위에
작게 쓰고, 남은 5는 일의 자리에 써.

받아올림한 1과
십의 자리 수를 더해.

개념 확인 1

☐ 안에 알맞은 수를 써넣으세요.

일의 자리 계산 **6＋5＝**☐에서 ☐은 십의 자리로 받아올림합니다.

```
    ☐            ☐
  3  6        3  6        3  6
+ 2  5   →  + 2  5   →  + 2  5
                  ☐        ☐ ☐
```

2

29＋14를 여러 가지 방법으로 구하세요.

⑴ **14**를 **10**과 **4**로 가르기하여 구하세요.

```
 29＋14
   ╱ ╲
  10   4
```

$29+14=29+10+4$
$\quad =\boxed{}+4=\boxed{}$

⑵ **29**를 **30**으로 바꾸어 구하세요.

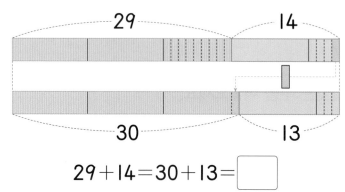

29   14

30   13

$29+14=30+13=\boxed{}$

3 수 모형으로 36＋28을 어떻게 계산하는지 알아보세요.

(1) 36과 28을 각각 가르기해 보세요.

(2) ☐ 안에 알맞은 수를 써넣으세요.

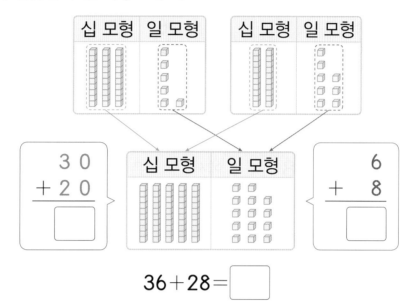

$$36+28=\boxed{}$$

4 계산해 보세요.

(1)
$$\begin{array}{r} 4\ 3 \\ +\ 3\ 9 \\ \hline \end{array}$$

(2)
$$\begin{array}{r} 6\ 3 \\ +\ 2\ 7 \\ \hline \end{array}$$

5 ☐ 안에 알맞은 수를 써넣으세요.

(1) 45
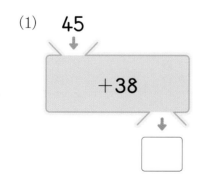

(2) 57
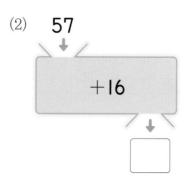

교과서 개념 잡기

③ (두 자리 수)＋(두 자리 수) (2) ▶ 십의 자리에서 받아올림이 있는 경우

64＋72 계산하기

십의 자리 계산 **6＋7＝13**에서 **10**은 백의 자리로 받아올림합니다.

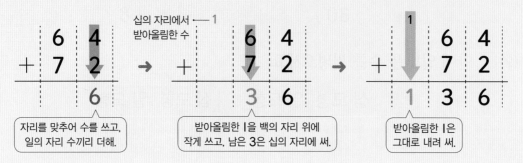

개념 확인 1 ☐ 안에 알맞은 수를 써넣으세요.

십의 자리 계산 **5＋8＝**☐에서 ☐은 백의 자리로 받아올림합니다.

2 수 모형으로 63＋54를 어떻게 계산하는지 알아보세요.

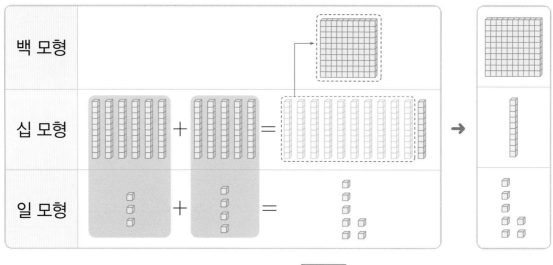

63 ＋ 54 ＝ ☐

60 3 50 4

3 그림을 보고 덧셈을 해 보세요.

(1)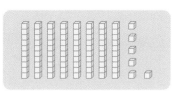

$54+86=$ □

(2)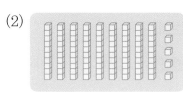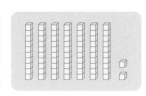

$95+72=$ □

4 계산해 보세요.

(1) □

```
    6 3
  + 7 4
  _____
  □ □ □
```

(2) □

```
    3 5
  + 8 1
  _____
  □ □ □
```

5 계산을 바르게 한 사람을 찾아 ◯표 하세요.

현우

```
    7 8
  + 8 9
  _____
  1 6 7
```

```
    7 8
  + 8 9
  _____
  1 5 7
```

미나

(　　)　(　　)

6 빈칸에 알맞은 수를 써넣으세요.

(1)
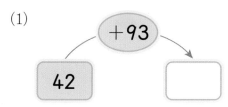

(2)
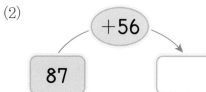

① (두 자리 수)+(한 자리 수)

개념 054쪽

▶ 받아올림이 있는 경우

01 그림을 보고 덧셈을 해 보세요.

$24+8=\boxed{}$

02 두 수의 합을 빈 곳에 써넣으세요.

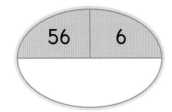

| 56 | 6 |

03 오른쪽 식에서 $\boxed{1}$이 실제로 나타내는 수는 얼마일까요?

( )

$$\begin{array}{r} \boxed{1} \\ 2\ 5 \\ +6 \\ \hline 3\ 1 \end{array}$$

04 덧셈을 하고, 두 수의 합이 더 큰 쪽에 ○표 하세요.

$$\begin{array}{r} 4\ 9 \\ +5 \\ \hline \end{array}$$

( )

$$\begin{array}{r} 8 \\ +4\ 3 \\ \hline \end{array}$$

( )

② (두 자리 수)+(두 자리 수)(1)

개념 056쪽

▶ 일의 자리에서 받아올림이 있는 경우

05 $39+47$을 여러 가지 방법으로 계산해 보세요.

방법1 47을 가르기하여 구하기

$39+47=39+\boxed{}+7$

$=\boxed{}+7=\boxed{}$

방법2 39를 40으로 바꾸어 구하기

$39+47=39+\boxed{}+46$

$=\boxed{}+46=\boxed{}$

06 같은 것끼리 이어 보세요.

(1) $16+28$ ·   · 60

(2) $34+19$ ·   · 44

(3) $43+17$ ·   · 53

07 도율이가 말하는 수를 구하세요.

37보다 45만큼 더 큰 수야.

도율

( )

08 계산이 잘못된 곳을 찾아 바르게 계산해 보세요.

$$\begin{array}{r} 2\ 9 \\ +\ 4\ 3 \\ \hline 6\ 2 \end{array}$$ → $$\begin{array}{r} 2\ 9 \\ +\ 4\ 3 \\ \hline \end{array}$$

09 꽃밭에 빨간 장미는 77송이, 노란 장미는 16송이 있습니다. 꽃밭에 있는 장미는 모두 몇 송이일까요?

(　　　　　　　)

③ (두 자리 수)+(두 자리 수) (2)　개념 058쪽

▶ 십의 자리에서 받아올림이 있는 경우

10 계산해 보세요.

(1)　$$\begin{array}{r} 5\ 6 \\ +\ 9\ 2 \\ \hline \end{array}$$　　(2)　$$\begin{array}{r} 4\ 9 \\ +\ 8\ 4 \\ \hline \end{array}$$

11 ☐ 안에 알맞은 수를 써넣으세요.

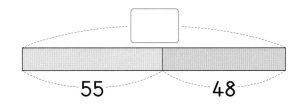

55　　　　48

12 계산 결과가 125인 것을 모두 찾아 색칠해 보세요.

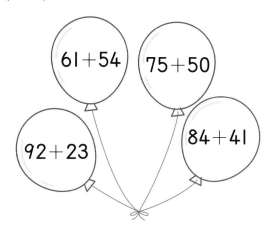

61+54　75+50

92+23　84+41

13 하영이는 동화책을 어제 42쪽 읽었고, 오늘 65쪽 읽었습니다. 하영이가 어제와 오늘 읽은 동화책은 모두 몇 쪽일까요?

(　　　　　　　)

교과역량 콕! 문제해결 | 추론

14 수 카드 2장을 사용하여 주어진 계산 결과가 나오도록 완성해 보세요.

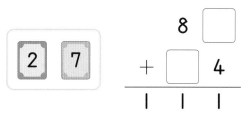

힌트 톡! 일의 자리 수끼리의 합이 11이 되어야 해.

교과서 개념 잡기

개념 강의

④ (두 자리 수) − (한 자리 수) ▶ 받아내림이 있는 경우

23 − 6 계산하기

일의 자리 수 **3**에서 **6**을 뺄 수 없으므로 십의 자리에서 **10**을 일의 자리로 받아내림합니다.

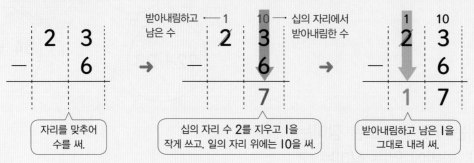

개념 확인 1 ☐ 안에 알맞은 수를 써넣으세요.

일의 자리 수 **1**에서 ☐를 뺄 수 없으므로 십의 자리에서 ☐을 일의 자리로 받아내림합니다.

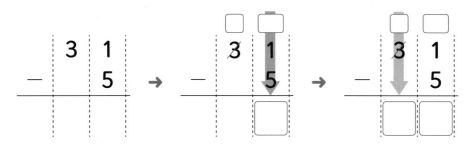

2 12 − 4를 여러 가지 방법으로 구하세요.

(1) 12에서 4만큼 거꾸로 세어 구하세요.

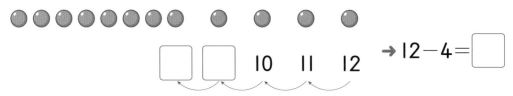

→ 12 − 4 = ☐

(2) 빼는 수 4만큼 /으로 지워 구하세요.

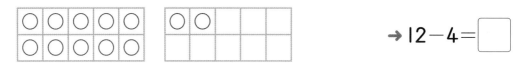

→ 12 − 4 = ☐

3 수 모형으로 35 − 9를 어떻게 계산하는지 알아보세요.

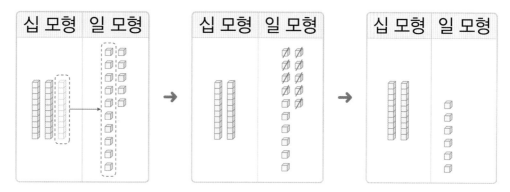

(1) 십 모형 1개를 일 모형 ☐ 개로 바꿀 수 있습니다.

(2) 일 모형 15개에서 9개를 빼면 ☐ 개가 남습니다.

(3) $35 - 9 =$ ☐

4 ☐ 안에 알맞은 수를 써넣으세요.

(1)
$$24 - 7$$
$$4 \quad 3$$

$$24 - 7 = 24 - 4 - 3$$
$$= \boxed{} - 3 = \boxed{}$$

(2)
$$36 - 8$$
$$6 \quad 2$$

$$36 - 8 = 36 - 6 - 2$$
$$= \boxed{} - 2 = \boxed{}$$

5 계산해 보세요.

(1)
$$\begin{array}{r} 7\ 2 \\ -\quad 9 \\ \hline \end{array}$$

(2)
$$\begin{array}{r} 5\ 4 \\ -\quad 6 \\ \hline \end{array}$$

6 빈칸에 알맞은 수를 써넣으세요.

(1)
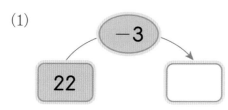

(2)
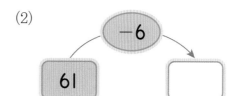

개념 강의

⑤ (몇십)−(몇십몇)

40−17 계산하기

0에서 7을 뺄 수 없으므로 십의 자리에서 10을 일의 자리로 받아내림합니다.

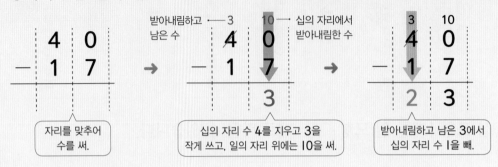

자리를 맞추어
수를 써.

십의 자리 수 4를 지우고 3을
작게 쓰고, 일의 자리 위에는 10을 써.

받아내림하고 남은 3에서
십의 자리 수 1을 빼.

개념 확인 1

☐ 안에 알맞은 수를 써넣으세요.

0에서 ☐를 뺄 수 없으므로 십의 자리에서 ☐을 일의 자리로 받아내림합니다.

$$
\begin{array}{r} 3\ 0 \\ -\ 1\ 5 \\ \hline \end{array}
\rightarrow
\begin{array}{r} 3\ 0 \\ -\ 1\ 5 \\ \hline \end{array}
\rightarrow
\begin{array}{r} 3\ 0 \\ -\ 1\ 5 \\ \hline \end{array}
$$

---

2 50−19를 여러 가지 방법으로 구하세요.

(1) 19를 10과 9로 가르기하여 구하세요.

50−19
  ╱ ╲
 10   9

$50-19=50-10-9$

$=\boxed{}-9=\boxed{}$

(2) 50과 19에 각각 1을 더하여 구하세요.

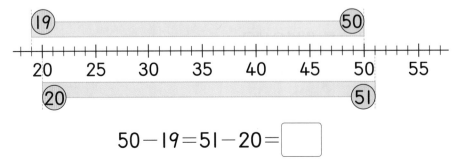

$50-19=51-20=\boxed{}$

3 수 모형으로 40−24를 어떻게 계산하는지 알아보세요.

(1) 40과 24를 각각 가르기해 보세요.

40
[ ] 10

24
20 [ ]

(2) ☐ 안에 알맞은 수를 써넣으세요.

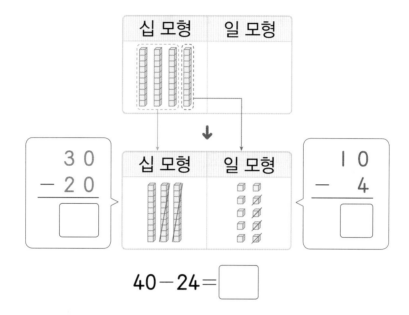

십 모형	일 모형

$$\begin{array}{r} 3\ 0 \\ -\ 2\ 0 \\ \hline \end{array}$$

십 모형	일 모형

$$\begin{array}{r} 1\ 0 \\ -\ \ 4 \\ \hline \end{array}$$

40−24= [ ]

4 계산해 보세요.

(1)
$$\begin{array}{r} 6\ 0 \\ -\ 1\ 8 \\ \hline \end{array}$$

(2)
$$\begin{array}{r} 8\ 0 \\ -\ 4\ 3 \\ \hline \end{array}$$

5 빈 곳에 알맞은 수를 써넣으세요.

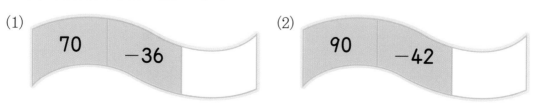

(1)
70 −36

(2)
90 −42

교과서 개념 잡기

개념 강의

6 (두 자리 수)−(두 자리 수) ▶ 받아내림이 있는 경우

63−48 계산하기

일의 자리 수 3에서 8을 뺄 수 없으므로 십의 자리에서 10을 일의 자리로 받아내림합니다.

받아내림하고 남은 수 —5
10— 십의 자리에서 받아내림한 수

자리를 맞추어 수를 써.

십의 자리 수 6을 지우고 5를 작게 쓰고, 일의 자리 위에는 10을 써.

받아내림하고 남은 5에서 십의 자리 수 4를 빼.

개념 확인 **1** ☐ 안에 알맞은 수를 써넣으세요.

일의 자리 수 6에서 ☐을 뺄 수 없으므로 십의 자리에서 ☐을 일의 자리로 받아내림합니다.

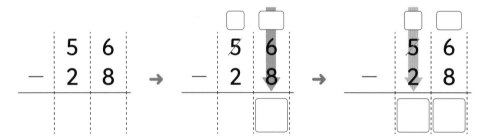

2 수 모형으로 52−34를 어떻게 계산하는지 알아보세요.

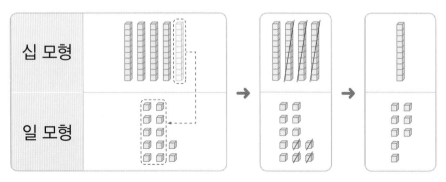

십 모형

일 모형

$$52-34=\boxed{}$$

3 그림을 보고 뺄셈을 해 보세요.

(1)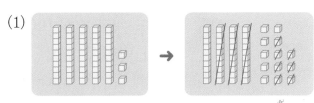

$53-37=\boxed{}$

(2)

$45-18=\boxed{}$

4 계산해 보세요.

(1)
$$\begin{array}{r} \boxed{}\ \boxed{} \\ \cancel{5}\ 1 \\ -\ 1\ 6 \\ \hline \boxed{}\ \boxed{} \end{array}$$

(2)
$$\begin{array}{r} \boxed{}\ \boxed{} \\ \cancel{9}\ 3 \\ -\ 6\ 4 \\ \hline \boxed{}\ \boxed{} \end{array}$$

5 계산을 바르게 한 사람을 찾아 ◯표 하세요.

준호
$$\begin{array}{r} 8\ 2 \\ -\ 5\ 7 \\ \hline 3\ 5 \end{array}$$
(   )

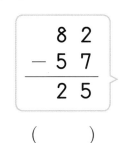
$$\begin{array}{r} 8\ 2 \\ -\ 5\ 7 \\ \hline 2\ 5 \end{array}$$

연서
(   )

6 ☐ 안에 알맞은 수를 써넣으세요.

(1) $64 \rightarrow \boxed{-36} \rightarrow \boxed{}$

(2) $75 \rightarrow \boxed{-29} \rightarrow \boxed{}$

4 **(두 자리 수)−(한 자리 수)**
▶ 받아내림이 있는 경우

개념 062쪽

01 그림을 보고 뺄셈을 해 보세요.

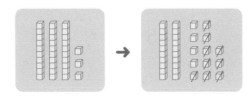

$$33 - 9 = \boxed{}$$

02 계산해 보세요.
(1) $46 - 7$
(2) $62 - 5$

03 두 수의 차를 빈칸에 써넣으세요.

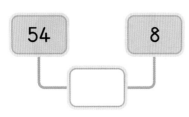

04 계산 결과의 크기를 비교하여 ◯ 안에 >
또는 <를 알맞게 써넣으세요.

$$\boxed{61 - 4} \;\bigcirc\; \boxed{65 - 9}$$

05 화살 두 개를 던져 맞힌 두 수의 차가 15
입니다. 맞힌 두 수에 ◯표 하세요.

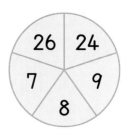

5 **(몇십)−(몇십몇)**

개념 064쪽

06 $60 - 17$을 여러 가지 방법으로 계산해 보
세요.

방법1 17을 가르기하여 구하기

$$60 - 17 = 60 - \boxed{} - 7$$
$$= \boxed{} - 7 = \boxed{}$$

방법2 60과 17에 각각 3을 더하여 구하기

$$60 - 17 = 63 - \boxed{}$$
$$= \boxed{}$$

07 계산해 보세요.

(1)
$$\begin{array}{r} 5\ 0 \\ -\ 3\ 4 \\ \hline \end{array}$$

(2)
$$\begin{array}{r} 7\ 0 \\ -\ 2\ 5 \\ \hline \end{array}$$

(3) $80 - 48$

08 계산 결과가 **25**보다 큰 조각에 ◯표 하세요.

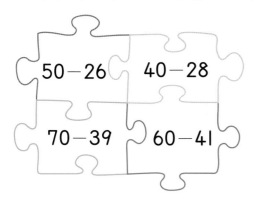

50−26　　40−28

70−39　　60−41

09 영우는 색종이를 **50**장 가지고 있습니다. 이 중에서 **13**장을 사용하면 남는 색종이는 몇 장일까요?

(　　　　　　　)

6 (두 자리 수)−(두 자리 수)　　개념 066쪽
▶ 받아내림이 있는 경우

10 계산해 보세요.

(1)　　6 1
　　− 3 9

(2)　　7 4
　　− 5 7

11 빈칸에 알맞은 수를 써넣으세요.

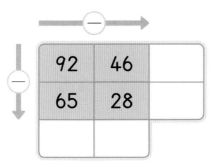

− →		
92	46	
65	28	

12 두 수의 차가 같은 것끼리 같은 색으로 칠해 보세요.

62−25　　54−38　　87−49

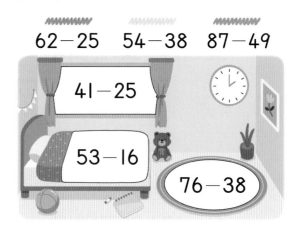

41−25

53−16

76−38

13 어느 영화관의 입장객이 **1**관은 **92**명, **2**관은 **78**명입니다. **1**관의 입장객은 **2**관의 입장객보다 몇 명 더 많을까요?

(　　　　　　　)

교과역량 콕! 추론 | 정보처리

14 수 카드 **2**장을 한 번씩 모두 사용하여 두 자리 수를 만들어 **81**에서 빼려고 합니다. 계산 결과가 더 큰 수가 되도록 뺄셈식을 쓰고 계산해 보세요.

3　5　　　81−☐=☐

힌트톡! 81에서 두 자리 수를 뺄 때 계산 결과가 더 큰 수가 되려면 빼는 수가 더 작아야 해.

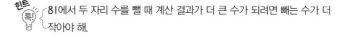

3. 덧셈과 뺄셈　**069**

개념 강의

⑦ 세 수의 계산

세 수의 계산은 앞에서부터 두 수씩 차례로 계산합니다.

52+19−14 계산하기

$$52+19-14=57$$

① → 71
② → 57

$$\begin{array}{r} 5\ 2 \\ +\ 1\ 9 \\ \hline 7\ 1 \end{array}$$ → $$\begin{array}{r} 7\ 1 \\ -\ 1\ 4 \\ \hline 5\ 7 \end{array}$$

46−17+25 계산하기

$$46-17+25=54$$

① → 29
② → 54

$$\begin{array}{r} 4\ 6 \\ -\ 1\ 7 \\ \hline 2\ 9 \end{array}$$ → $$\begin{array}{r} 2\ 9 \\ +\ 2\ 5 \\ \hline 5\ 4 \end{array}$$

개념 확인 1 23+18−12는 어떻게 계산하는지 알아보세요.

$$23+18-12=\boxed{}$$

① → $\boxed{}$
② → $\boxed{}$

$$\begin{array}{r} 2\ 3 \\ +\ 1\ 8 \\ \hline \boxed{} \end{array}$$ → $\boxed{}$ $$\begin{array}{r} -\ 1\ 2 \\ \hline \boxed{} \end{array}$$

개념 확인 2 37−19+15는 어떻게 계산하는지 알아보세요.

$$37-19+15=\boxed{}$$

① → $\boxed{}$
② → $\boxed{}$

$$\begin{array}{r} 3\ 7 \\ -\ 1\ 9 \\ \hline \boxed{} \end{array}$$ → $\boxed{}$ $$\begin{array}{r} +\ 1\ 5 \\ \hline \boxed{} \end{array}$$

3 계산 순서를 바르게 나타낸 것에 ◯표 하세요.

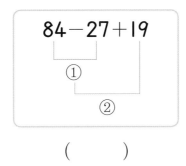

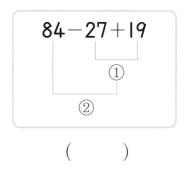

(   )   (   )

4 ☐ 안에 알맞은 수를 써넣으세요.

(1)
$$\begin{array}{r} 5\ 5 \\ +\ 2\ 5 \\ \hline \boxed{} \end{array}$$
⟶ ☐ − 7 ☐

→ 55+25−7=☐

(2)
$$\begin{array}{r} 7\ 2 \\ -\ 2\ 8 \\ \hline \boxed{} \end{array}$$
⟶ ☐ +1 9 ☐

→ 72−28+19=☐

5 계산해 보세요.

(1) 63+8−33

(2) 80−26+39

(3) 58+17−36

(4) 70−41+12

6 집까지 가는 길을 따라가며 세 수를 계산해 보세요.

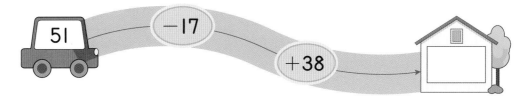

STEP 1 교과서 개념 잡기

⑧ 덧셈과 뺄셈의 관계

덧셈식을 뺄셈식으로 나타내기

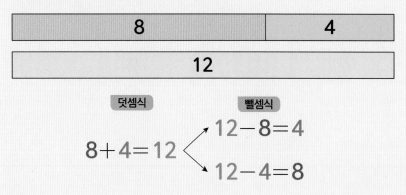

8	4
12	

덧셈식   뺄셈식

$$8+4=12 \begin{cases} 12-8=4 \\ 12-4=8 \end{cases}$$

뺄셈식을 덧셈식으로 나타내기

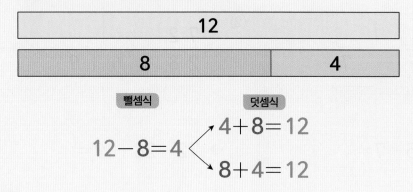

12	
8	4

뺄셈식   덧셈식

$$12-8=4 \begin{cases} 4+8=12 \\ 8+4=12 \end{cases}$$

개념 확인 1 그림을 보고 덧셈식을 뺄셈식으로 나타내세요.

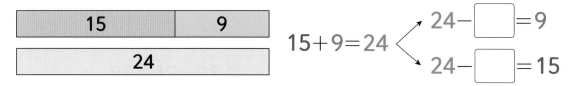

15	9
24	

$$15+9=24 \begin{cases} 24-\boxed{}=9 \\ 24-\boxed{}=15 \end{cases}$$

개념 확인 2 그림을 보고 뺄셈식을 덧셈식으로 나타내세요.

16	
11	5

$$16-11=5 \begin{cases} 5+\boxed{}=16 \\ \boxed{}+5=16 \end{cases}$$

3 그림을 보고 덧셈식을 뺄셈식으로 나타내세요.

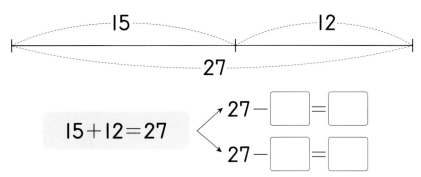

$15+12=27$

$27-\boxed{}=\boxed{}$

$27-\boxed{}=\boxed{}$

4 그림을 보고 뺄셈식을 덧셈식으로 나타내세요.

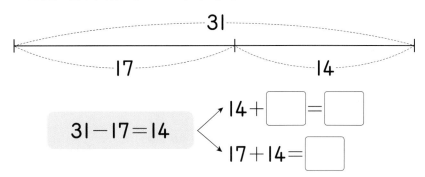

$31-17=14$

$14+\boxed{}=\boxed{}$

$17+14=\boxed{}$

5 덧셈식을 뺄셈식으로 나타내세요.

(1) $34+16=50$

→ $50-\boxed{}=16$

$\boxed{}-16=\boxed{}$

(2) $44+18=62$

→ $\boxed{}-44=\boxed{}$

$\boxed{}-\boxed{}=44$

6 뺄셈식을 덧셈식으로 나타내세요.

(1) $27-8=19$

→ $19+8=\boxed{}$

$\boxed{}+19=\boxed{}$

(2) $52-29=23$

→ $23+\boxed{}=\boxed{}$

$\boxed{}+23=\boxed{}$

교과서 개념 잡기

개념 강의

9 □의 값 구하기

□가 사용된 덧셈식을 만들고 □의 값 구하기

예 병아리 6마리가 있었는데 몇 마리가 더 와서 10마리가 되었습니다.
더 온 병아리는 몇 마리일까요?

$$6 + \boxed{?} = 10$$

$$10 - 6 = \boxed{?} \rightarrow \boxed{?} = 4$$

□가 사용된 뺄셈식을 만들고 □의 값 구하기

예 귤이 11개 있었는데 몇 개를 먹었더니 8개가 남았습니다.
먹은 귤은 몇 개일까요?

$$11 - \boxed{?} = 8$$

$$11 - 8 = \boxed{?} \rightarrow \boxed{?} = 3$$

개념 확인 1 그림을 보고 덧셈식에서 $\boxed{?}$ 의 값을 구하세요.

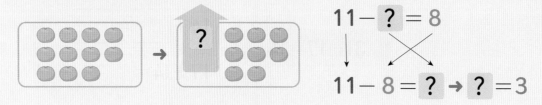

$$8 + \boxed{?} = 13$$

$$13 - 8 = \boxed{?} \rightarrow \boxed{?} = \boxed{}$$

개념 확인 2 그림을 보고 뺄셈식에서 $\boxed{?}$ 의 값을 구하세요.

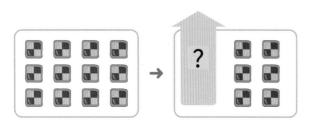

$$12 - \boxed{?} = 6$$

$$12 - 6 = \boxed{?} \rightarrow \boxed{?} = \boxed{}$$

3 오른쪽 무당벌레의 수와 같아지도록 빈 곳에 ◯를 그리고, ☐ 안에 알맞은 수를 써넣으세요.

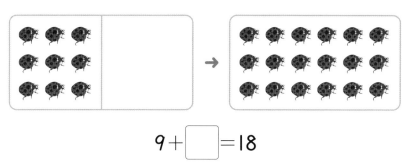

$$9 + \boxed{} = 18$$

4 남은 빵이 5개가 되도록 /으로 지워 보고, ☐ 안에 알맞은 수를 써넣으세요.

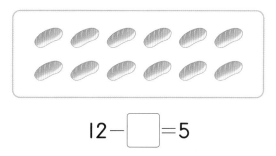

$$12 - \boxed{} = 5$$

5 잠자리 13마리 중에서 몇 마리가 날아가서 7마리가 남았습니다. 물음에 답하세요.

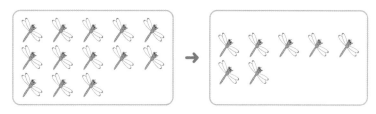

(1) 날아간 잠자리의 수를 ☐로 하여 뺄셈식으로 나타내세요.

뺄셈식 _____

(2) ☐의 값을 구하세요.

(   )

(3) 날아간 잠자리는 몇 마리일까요?

(   )

7 세 수의 계산 개념 070쪽

01 계산해 보세요.

(1) $32+29-13$

(2) $50-34+28$

02 빈칸에 알맞은 수를 써넣으세요.

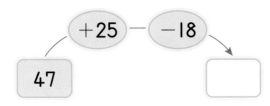

03 수 카드에 적힌 세 수의 합을 구하세요.

12 25 58

( )

04 ●+◆를 구하세요.

$42+19-15=●$
$42-15+19=◆$

( )

05 계산이 잘못된 곳을 찾아 바르게 계산해 보세요.

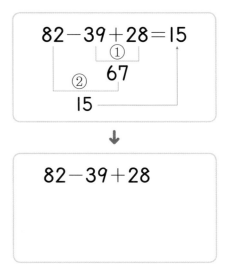

$82-39+28$

06 계산 결과가 더 큰 식에 ○표 하세요.

$46+28-35$ $31-15+24$

( )   ( )

07 다음 식을 계산하고 각각의 글자를 빈칸에 알맞게 써넣으세요.

$45+8+3=\boxed{}$ 조
$37-9+7=\boxed{}$ 일
$56+6-4=\boxed{}$ 이
$62-6+5=\boxed{}$ 석

35	61	58	56

08 윤성이는 구슬 81개를 가지고 있었습니다. 영미에게 28개를 주고, 성수에게 39개를 받았습니다. 지금 윤성이가 가지고 있는 구슬은 몇 개인지 식을 쓰고, 답을 구하세요.

식 _____

답 _____

09 주차장에 자동차가 45대 있었습니다. 27대가 더 들어오고, 16대가 빠져나갔습니다. 주차장에 남아 있는 자동차는 몇 대일까요?

(   )

교과역량 콕! 문제해결 | 추론

10 세 수를 이용하여 계산 결과가 가장 큰 세 수의 계산식을 만들려고 합니다. ○ 안에 알맞은 수를 써넣고 답을 구하세요.

 36   **15** **13**

식 ○ + ○ − ○

답 _____

 힌트 톡! 가장 큰 수와 두 번째로 큰 수를 더하고 가장 작은 수를 빼야 해.

---

8 **덧셈과 뺄셈의 관계**   개념 072쪽

11 그림을 보고 덧셈식과 뺄셈식으로 나타내세요.

$$5+4=\boxed{}$$

$$9-\boxed{}=4$$

$$\boxed{}-4=5$$

12 뺄셈식을 보고 덧셈식으로 바르게 나타낸 사람의 이름을 쓰세요.

$$42-19=23$$

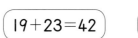 $19+23=42$ $19+42=61$

 주경   규민

(   )

13 ☐ 안에 알맞은 수를 써넣으세요.

(1) $16+\boxed{}=23$

→ $\boxed{}-16=7$

(2) $43-\boxed{}=24$

→ $24+19=\boxed{}$

14 세 수를 이용하여 뺄셈식을 완성하고, 덧셈식으로 나타내세요.

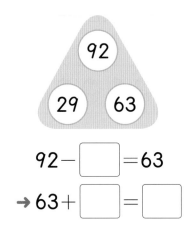

$$92 - \boxed{} = 63$$

$$\rightarrow 63 + \boxed{} = \boxed{}$$

교과역량 콕! 문제해결 | 정보처리

15 수 카드 3장을 사용하여 덧셈식을 만들고, 만든 덧셈식을 뺄셈식으로 나타내세요.

5   11   16

덧셈식   뺄셈식

교과역량 콕! 연결

16 오른쪽 주사위의 세 눈의 수를 이용하여 뺄셈식을 만들고, 덧셈식으로 나타내세요.

뺄셈식   덧셈식

---

9 **☐의 값 구하기**   개념 074쪽

17 ☐를 사용하여 바르게 나타낸 덧셈식에 ◯표 하세요.

색연필이 12자루 있었는데 몇 자루를 더 받아서 15자루가 되었습니다.

$12 + \boxed{} = 15$	$12 + 15 = \boxed{}$
( )	( )

18 ☐를 사용하여 그림에 알맞은 덧셈식을 만들고, ☐의 값을 구하세요.

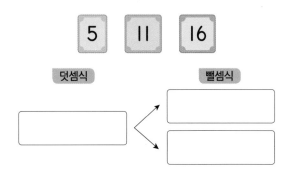

덧셈식 _____

☐의 값 _____

19 ☐를 사용하여 그림에 알맞은 뺄셈식을 만들고, ☐의 값을 구하세요.

14	
☐	7

뺄셈식 _____

☐의 값 _____

[20~21] 그림을 보고 물음에 답하세요.

20 새로 자란 나무의 수를 □로 하여 덧셈식을 만들고, □의 값을 구하세요.

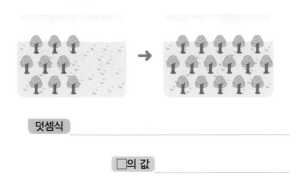

덧셈식 _____

□의 값 _____

21 사라진 나무의 수를 □로 하여 뺄셈식을 만들고, □의 값을 구하세요.

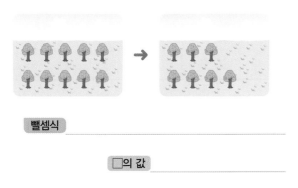

뺄셈식 _____

□의 값 _____

22 □ 안에 알맞은 수를 써넣으세요.

(1) 83 − □ = 54

(2) 37 + □ = 61

23 □ 안에 들어갈 수가 같은 것끼리 이어 보세요.

(1) 6 + □ = 14 ·   · □ + 5 = 12

(2) 8 + □ = 15 ·   · □ + 3 = 11

교과역량 콕! 추론

24 은우는 사탕을 14개 가지고 있었습니다. 그중에서 몇 개를 동생에게 주었더니 6개가 남았습니다. 은우가 동생에게 준 사탕의 수를 □로 하여 뺄셈식을 만들고, □의 값을 구하세요.

뺄셈식 _____

□의 값 _____

교과역량 콕! 추론 | 의사소통

25 강인이는 9살입니다. 강인이는 누나보다 3살 더 적습니다. 누나의 나이를 □로 하여 뺄셈식을 만들고, □의 값을 구하세요.

뺄셈식 _____

□의 값 _____

1

계산 결과가 가장 작은 것을 찾아 기호를 쓰려고 합니다. 풀이 과정을 쓰고, 답을 구하세요.

> ㉠ 35＋48　㉡ 56＋24　㉢ 89＋3

1단계 계산 결과 각각 구하기

㉠ $35＋48＝\boxed{}$

㉡ $56＋24＝\boxed{}$

㉢ $89＋3＝\boxed{}$

2단계 계산 결과가 가장 작은 것을 찾아 기호 쓰기

$\boxed{}＜\boxed{}＜\boxed{}$ 이므로

계산 결과가 가장 작은 것은 $\boxed{}$ 입니다.

답 _____

2

계산 결과가 가장 큰 것을 찾아 기호를 쓰려고 합니다. 풀이 과정을 쓰고, 답을 구하세요.

> ㉠ 45－19　㉡ 60－32　㉢ 57－28

1단계 계산 결과 각각 구하기

_____

_____

_____

2단계 계산 결과가 가장 큰 것을 찾아 기호 쓰기

_____

_____

답 _____

3

축구공은 45개 있고, 농구공은 축구공보다 16개 더 적게 있습니다. 축구공과 농구공은 모두 몇 개인지 풀이 과정을 쓰고, 답을 구하세요.

1단계 농구공의 수 구하기

(농구공의 수)

$＝($축구공의 수$)－\boxed{}$

$＝\boxed{}－\boxed{}＝\boxed{}$ (개)

2단계 축구공과 농구공 수의 합 구하기

(축구공과 농구공 수의 합)

$＝45＋\boxed{}＝\boxed{}$ (개)

답 _____

4

귤은 76개 있고, 사과는 귤보다 28개 더 적게 있습니다. 귤과 사과는 모두 몇 개인지 풀이 과정을 쓰고, 답을 구하세요.

1단계 사과의 수 구하기

_____

_____

_____

2단계 귤과 사과 수의 합 구하기

_____

_____

답 _____

5

어떤 수에 27을 더했더니 61이 되었습니다. 어떤 수는 얼마인지 풀이 과정을 쓰고, 답을 구하세요.

(1단계) 어떤 수를 □로 하여 덧셈식 만들기

어떤 수를 □로 하여 덧셈식을 만들면

□+□=□ 입니다.

(2단계) 어떤 수 구하기

만든 덧셈식을 뺄셈식으로 나타내면

□−□=□이므로 □=□ 입니다.

답 _____

6

어떤 수에서 16을 뺐더니 48이 되었습니다. 어떤 수는 얼마인지 풀이 과정을 쓰고, 답을 구하세요.

(1단계) 어떤 수를 □로 하여 뺄셈식 만들기

_____

_____

(2단계) 어떤 수 구하기

_____

_____

답 _____

7

카드를 모두 사용하여 세 수의 계산식을 만들고, 만든 식을 계산해 보세요.

 16   11 + −

(1단계) 세 수의 계산식 만들기

 리아

나는 차례로 39에 16을 더하고 11을 뺄 거야.

39 □ □ □ □

(2단계) 만든 식 계산하기

만든 식을 계산하면 □입니다.

답 _____

8

카드를 모두 사용하여 세 수의 계산식을 만들고, 만든 식을 계산해 보세요.

 17   15   + −

(1단계) 세 수의 계산식 만들기

현우

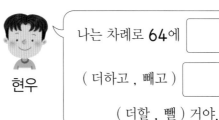

나는 차례로 64에 □ 을/를

(더하고 , 빼고) □ 을/를

(더할 , 뺄) 거야.

64 □ □ □ □

(2단계) 만든 식 계산하기

만든 식을 계산하면 □입니다.

답 _____

01 그림을 보고 덧셈을 해 보세요.

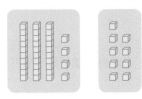

$34 + 9 =$ ☐

02 ☐ 안에 알맞은 수를 써넣으세요.

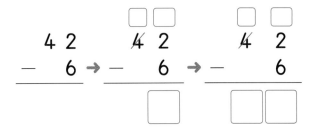

03 계산해 보세요.

$$\begin{array}{r} 4\ 5 \\ +\ 3\ 9 \\ \hline \end{array}$$

04 ☐ 안에 알맞은 수를 써넣으세요.

$24 + 68 = 24 +$ ☐ $+ 8$

$=$ ☐ $+ 8$

$=$ ☐

05 오른쪽 식에서 ①이 실제로 나타내는 수는 얼마일까요? ( )

$$\begin{array}{r} \boxed{①} \\ 1\ 5 \\ +\quad 7 \\ \hline 2\ 2 \end{array}$$

① 1 ② 2 ③ 3
④ 10 ⑤ 30

06 두 수의 합과 차를 각각 구하세요.

$$\boxed{64 \quad 47}$$

합 ( )
차 ( )

07 같은 것끼리 이어 보세요.

(1) $25 + 9$ •   • 26

(2) $52 - 6$ •   • 34

(3) $33 - 7$ •   • 46

08 계산 결과의 크기를 비교하여 ○ 안에 > 또는 <를 알맞게 써넣으세요.

$$83-28 \bigcirc 44+17$$

09 빈칸에 알맞은 수를 써넣으세요.

63 —17 +79 □

10 계산이 잘못된 것을 찾아 기호를 쓰세요.

> ㉠ $60-28=32$
> ㉡ $35+27=52$
> ㉢ $53-26=27$

( )

11 뺄셈식을 덧셈식으로 나타내세요.

$$85-27=58$$

→ □$+27=$□
27+□$=$□

12 □ 안에 알맞은 수를 써넣으세요.

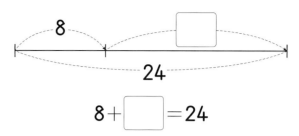

$$8+\boxed{}=24$$

13 세 수를 이용하여 덧셈식과 뺄셈식을 각각 만들어 보세요.

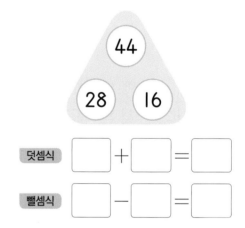

덧셈식 □ $+$ □ $=$ □

뺄셈식 □ $-$ □ $=$ □

14 □ 안에 알맞은 수를 써넣으세요.

$$39+\boxed{}=63$$

$$\rightarrow 63-\boxed{}=24$$

15 그림을 보고 □를 사용하여 덧셈식을 만들고, □의 값을 구하세요.

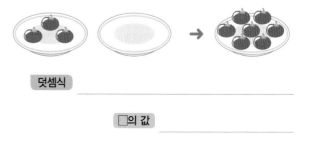

덧셈식 _____

□의 값 _____

16 ☐ 안에 알맞은 수를 써넣으세요.

$$
\begin{array}{r}
7\ 3 \\
+\ \boxed{}\ 8 \\
\hline
1\ 2\ \boxed{}
\end{array}
$$

17 운동장에 남학생 **46**명과 여학생 **34**명이 있었습니다. 잠시 후 **49**명이 집으로 갔습니다. 지금 운동장에 있는 학생은 몇 명일까요?

(   )

18 수 카드 **2**장을 골라 두 자리 수를 만들어 **28**과 더하려고 합니다. 계산 결과가 가장 큰 수가 되도록 덧셈식을 쓰고 계산해 보세요.

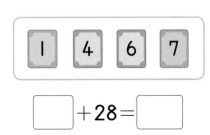

$$\boxed{}+28=\boxed{}$$

19 현지는 색종이를 **25**장 사용했고, 주원이는 현지보다 **7**장 더 적게 사용했습니다. 현지와 주원이가 사용한 색종이는 모두 몇 장인지 풀이 과정을 쓰고, 답을 구하세요.

풀이 _____

_____

_____

답 _____

20 어떤 수에 **48**을 더했더니 **73**이 되었습니다. 어떤 수는 얼마인지 풀이 과정을 쓰고, 답을 구하세요.

풀이 _____

_____

_____

답 _____

창의력 쑥쑥

내 이름과 친구 이름의 점수는 몇 점인지 알아볼까요?
내 이름은 보라색 칸에, 친구 이름은 초록색 칸에 적어요.
자 그럼, 아래 방법대로 이름 점수 찾기 시작~!

이름을 적을 때 선을 긋는 횟수를 아래에 적어!

일의 자리 수 끼리 더한 값을 차례로 계산하면 돼.

김지수

이다은

정답은 개념책 152쪽에서 확인하세요.

4

길이 재기

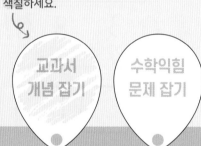

학습을 끝낸 후
색칠하세요.

교과서
개념 잡기

수학익힘
문제 잡기

❶ 여러 가지 방법으로 길이 재기
❷ 1 cm 알아보기

⊙ 이전에 배운 내용

[1-1] 비교하기

길이 비교하기
'길다, 짧다'로 길이 표현하기

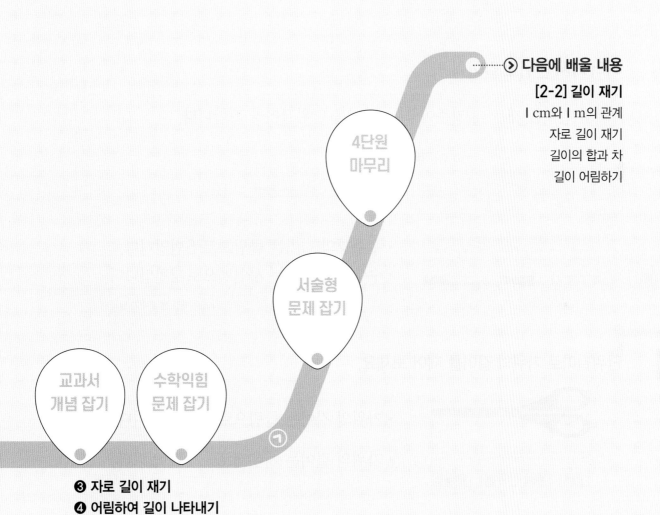

다음에 배울 내용

[2-2] 길이 재기

Ⅰcm와 Ⅰm의 관계

자로 길이 재기

길이의 합과 차

길이 어림하기

4단원
마무리

서술형
문제 잡기

교과서
개념 잡기

수학익힘
문제 잡기

❸ 자로 길이 재기
❹ 어림하여 길이 나타내기

교과서 개념 잡기

개념 강의

① 여러 가지 방법으로 길이 재기

직접 맞대어 비교할 수 없는 두 길이의 비교

종이띠, 털실 등 다른 물건을 길이만큼 자르고, 자른 물건을 맞대어 비교합니다.

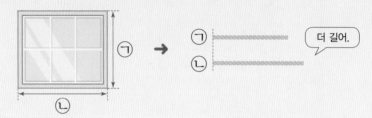

여러 가지 단위로 길이 재기

어떤 길이를 재는 데 기준이 되는 길이를 **단위길이**라고 합니다.

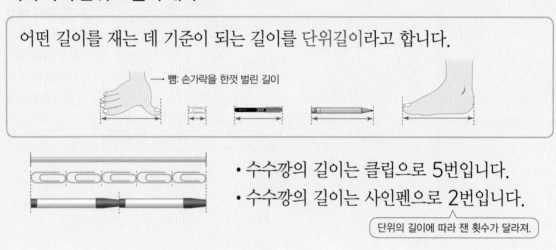

뼘: 손가락을 한껏 벌린 길이

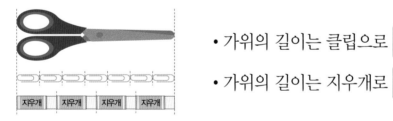

• 수수깡의 길이는 클립으로 5번입니다.
• 수수깡의 길이는 사인펜으로 2번입니다.

단위의 길이에 따라 잰 횟수가 달라져.

개념 확인

1 단위길이로 가위의 길이를 재어 보세요.

• 가위의 길이는 클립으로 ☐ 번입니다.

• 가위의 길이는 지우개로 ☐ 번입니다.

2 두 나뭇잎을 따지 않고 길이를 비교하려고 합니다. 두 길이를 비교할 수 있는 올바른 방법을 찾아 ◯표 하세요.

맞대어
비교하기

(   )

종이띠를 이용하여
비교하기

(   )

3 줄넘기의 길이는 크레파스로 몇 번일까요?

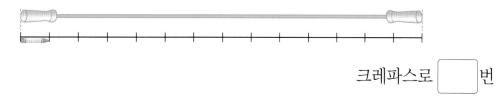

크레파스로 ☐ 번

4 길이를 잴 때 사용하는 단위 중 더 짧은 것에 ◯표 하세요.

(1) (　　　) (　　　)　　　(2) (　　　) (　　　)

5 발의 길이로 돗자리의 긴 쪽과 짧은 쪽의 길이를 재면 각각 몇 번일까요?

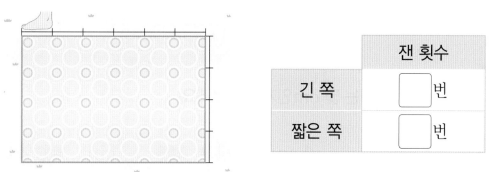

	잰 횟수
긴 쪽	☐ 번
짧은 쪽	☐ 번

6 정호와 예지가 뼘으로 야구 방망이의 길이를 재었습니다. 한 뼘의 길이를 비교해 보세요.

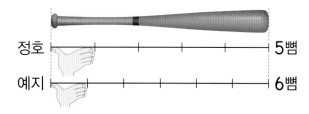

정호 ├──┼──┼──┼──┤ 5뼘
예지 ├─┼─┼─┼─┼─┼─┤ 6뼘

잰 횟수가 더 많으므로 (정호 , 예지)의 한 뼘의 길이가 더 짧습니다.

STEP 1 교과서 개념 잡기

개념 강의

② 1 cm 알아보기

cm가 필요한 이유

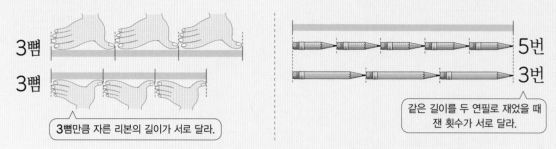

3뼘

3뼘

3뼘만큼 자른 리본의 길이가 서로 달라.

5번

3번

같은 길이를 두 연필로 재었을 때
잰 횟수가 서로 달라.

➜ 길이를 재는 단위가 다르면 정확한 길이를 알 수 없으므로
누가 재어도 길이를 똑같이 말할 수 있는 단위가 필요합니다.

몇 cm 알아보기

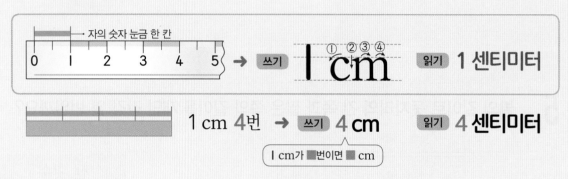

자의 숫자 눈금 한 칸

| 0 | 1 | 2 | 3 | 4 | 5 |

➜ 쓰기 **1 ①②③④ cm** 읽기 **1 센티미터**

1 cm 4번 ➜ 쓰기 **4 cm** 읽기 **4 센티미터**

1 cm가 ▇번이면 ▇ cm

개념 확인

1 나무 조각의 길이는 몇 cm인지 알아보세요.

1 cm

1 cm ☐번 ➜ 쓰기 ☐ cm 읽기 **2 센티미터**

2 바르게 쓰세요.

(1) **1 cm**

1 cm

(2) **3 cm**

3 손톱깎이의 길이를 정확하게 설명한 것을 찾아 색칠해 보세요.

| 지우개로 **2**번 | **5** cm |

4 길이가 **1** cm 정도 되는 길이를 말한 사람의 이름을 쓰세요.

검지손가락의 길이   축구공의 길이   구슬의 길이

규민   주경   준호

(　　　　　　　　　)

5 ☐ 안에 알맞은 수를 써넣으세요.

(1) **6** cm는 **1** cm가 ☐ 번입니다.

(2) **1** cm로 ☐ 번은 **15** cm입니다.

6 한 칸의 길이가 **1** cm일 때 주어진 길이만큼 색칠해 보세요.

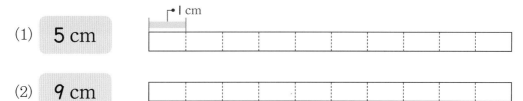

(1) **5** cm

(2) **9** cm

1 여러 가지 방법으로 길이 재기   개념 088쪽

01 길이를 잴 때 사용되는 단위 중에 가장 긴 것에 ○표, 가장 짧은 것에 △표 하세요.

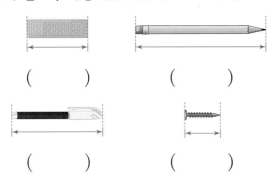

(   )   (   )

(   )   (   )

02 필통의 긴 쪽은 클립과 풀로 각각 몇 번일까요?

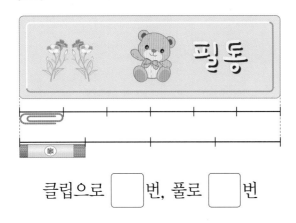

클립으로 [   ] 번, 풀로 [   ] 번

03 길이가 가장 긴 것의 기호를 쓰세요.

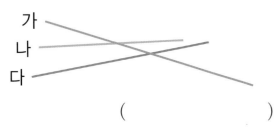

(   )

04 휴대 전화의 짧은 쪽의 길이를 잴 수 있는 단위로 알맞은 것의 기호를 쓰세요.

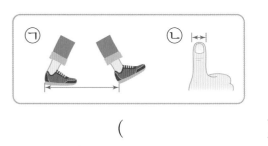

(   )

05 길이가 실핀으로 5번인 종이띠를 가지고 있는 사람의 이름을 쓰세요.

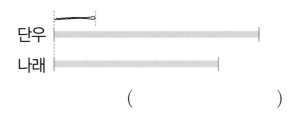

(   )

06 크레파스로 잴 때 액자의 긴 쪽의 길이는 짧은 쪽의 길이보다 몇 번만큼 더 길까요?

(   )

07 〈보기〉의 물건으로 칠판의 긴 쪽의 길이를 재었습니다. 잰 횟수가 가장 적은 물건은 무엇일까요?

〈보기〉
성냥개비   지팡이   볼펜

(   )

08 빗의 길이는 지우개로 몇 번일까요?

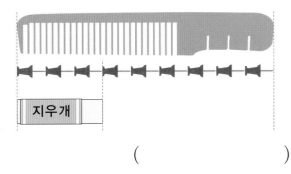

지우개

(   )

09 같은 크기의 모형을 사용하여 모양을 만들었습니다. 더 짧게 연결한 모양의 기호를 쓰세요.

가   나

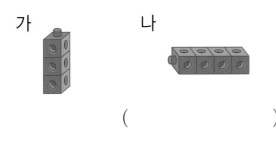

(   )

힌트 톡! 사용한 모형의 수가 적을수록 길이가 더 짧아요.

10 더 긴 실의 색깔을 쓰세요.

- 볼펜 뚜껑으로 **5**번인 초록색 실
- 물병의 긴 쪽으로 **5**번인 빨간색 실

(   )

11 놀이 기구를 탈 수 있는 사람의 이름을 쓰세요.

파란색 막대보다 키가 더 큰 사람만 놀이 기구를 탈 수 있어요.

도진   우영   이서

(   )

12 빗자루, 쓰레받기, 대걸레의 길이를 연필로 잰 횟수입니다. 길이가 짧은 것부터 차례로 쓰세요.

빗자루	쓰레받기	대걸레
4번	2번	6번

(   )

2 1 cm 알아보기 개념 090쪽

13 길이를 재기 위한 단위로 더 정확한 것을 찾아 ◯표 하세요.

한 뼘	1 cm
( )	( )

14 빨간색 점으로부터 1 cm 정도 거리에 있는 점을 모두 찾아 선을 그어 보세요.

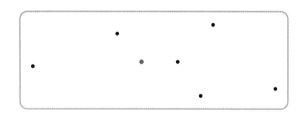

15 주어진 길이를 바르게 쓰세요.

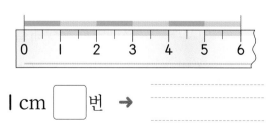

1 cm [   ]번 ➡ _____

16 우리 주변에서 길이가 1 cm 정도 되는 물건을 찾아 2개 쓰세요.

(   )

17 같은 길이를 나타내는 것끼리 이어 보세요.

(1) 2 cm   •   • 5 센티미터

(2) 5 cm   •   • 1 cm가 3번

(3) 3 cm   •   • 1 cm가 2번

18 그림을 보고 바르게 설명한 것을 모두 찾아 기호를 쓰세요.

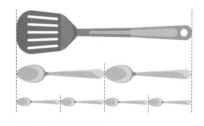

> ㉠ 두 숟가락의 길이가 다르므로 뒤집개의 길이를 잰 횟수가 다릅니다.
> ㉡ cm를 사용하면 정확한 길이를 알 수 있습니다.
> ㉢ 숟가락 2개만큼의 길이는 항상 같은 길이를 나타냅니다.

(   )

기본 강화책 44쪽 수학익힘 유사 문제　정답 21쪽

19 친구들이 욕조의 긴 쪽의 길이를 쟀습니다. 가장 정확하게 말한 사람의 이름을 쓰세요.

걸음으로 3번이야.

150cm야.

누울 수 있는 길이야.

현우　연서　규민

(　　　　　　　)

20 주어진 길이만큼 점선을 따라 선을 그어 보세요.

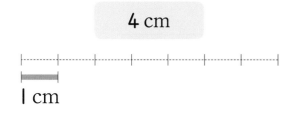

4 cm

1 cm

21 컵의 높이가 15 cm입니다. 컵의 높이는 1 cm로 몇 번일까요?

(　　　　　　　)

22 ㉠과 ㉡에 알맞은 수를 각각 구하세요.

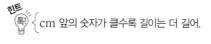

- 5 cm는 1 cm가 ㉠번입니다.
- ㉡ 센티미터는 8 cm입니다.

㉠ (　　　　　　　)
㉡ (　　　　　　　)

23 더 긴 길이를 나타낸 것을 찾아 색칠해 보세요.

9 cm　　　1 cm가 7번

힌트 톡! cm 앞의 숫자가 클수록 길이는 더 길어.

교과역량 콕! 문제해결

24 가장 작은 사각형의 변의 길이는 모두 1 cm입니다. 빨간색 선의 길이는 몇 cm일까요?

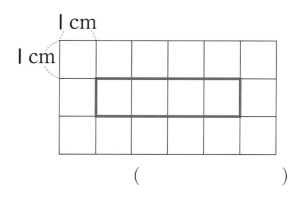

1 cm
1 cm

(　　　　　　　)

교과서 개념 잡기

개념 강의

③ 자로 길이 재기

(1) 한쪽 끝을 눈금 0에 맞춘 경우에는 물건의 다른 쪽 끝에 있는 자의 눈금을 읽습니다.

눈금에 정확하게 맞추고, 물건과 자를 나란히 놓아 길이를 재.

자의 눈금 **8**을 읽습니다. → 연필의 길이: **8 cm**

(2) 한쪽 끝을 0이 아닌 눈금에 맞춘 경우에는 1 cm가 몇 번 들어가는지 셉니다.

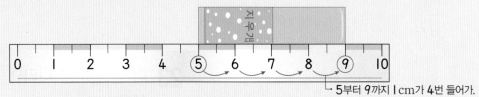

5부터 9까지 1 cm가 4번 들어가.

1 cm가 **4**번 → 지우개의 길이: **4 cm**

개념 확인 1

집게 핀의 길이를 재어 보세요.

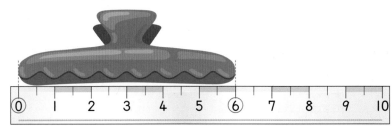

자의 눈금 ☐ 을 읽습니다. → 집게 핀의 길이: ☐ cm

개념 확인 2

막대사탕의 길이를 재어 보세요.

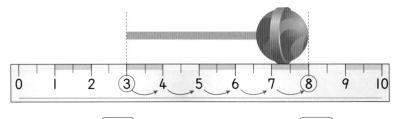

1 cm가 ☐ 번 → 막대사탕의 길이: ☐ cm

3 면봉의 길이를 자로 바르게 잰 것에 ◯표 하세요.

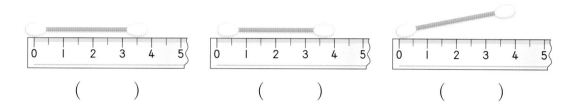

(   )   (   )   (   )

4 물건의 길이는 몇 cm인지 ▢ 안에 알맞은 수를 써넣으세요.

(1)

(2)

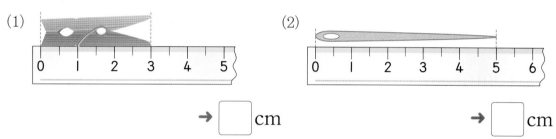

→ ▢ cm   → ▢ cm

5 물건의 길이는 몇 cm인지 ▢ 안에 알맞은 수를 써넣으세요.

(1)

(2)

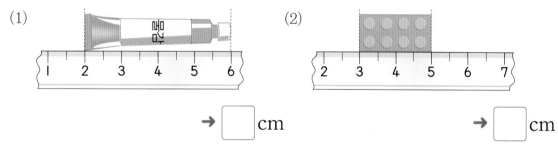

→ ▢ cm   → ▢ cm

6 자로 칫솔의 길이를 재어 보세요.

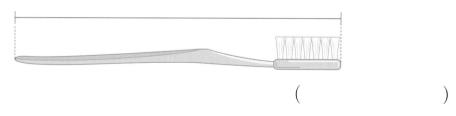

(   )

④ 어림하여 길이 나타내기

자로 재어 약 몇 cm로 나타내기

> 길이가 자의 눈금 사이에 있을 때 눈금과 가까운 쪽에 있는 숫자를 읽습니다. 숫자 앞에 **약**을 붙여 말합니다.

눈금 3보다 4에 가깝습니다.

→ 크레파스의 길이: **약 4 cm**

눈금 5보다 4에 가깝습니다.

→ 크레파스의 길이: **약 4 cm**

'약 4 cm'로 같아도 실제 길이는 다를 수 있어.

길이 어림하기

길이가 얼마쯤인지 어림하여 말할 때는 '약 ◻ cm'라고 합니다.

→ 나뭇잎의 길이를 어림하면 약 6 cm입니다.

> 어림은 정확한 값이 아니므로 자로 잰 길이와 다를 수도 있어.

개념 확인 1 볼펜의 길이를 알아보세요.

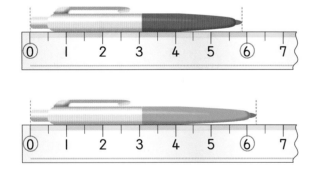

눈금 5보다 ◻에 가깝습니다.

→ 볼펜의 길이: **약 ◻ cm**

눈금 7보다 ◻에 가깝습니다.

→ 볼펜의 길이: **약 ◻ cm**

2 길이가 약 5 cm인 색 테이프에 ◯표 하세요.

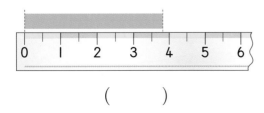

( )

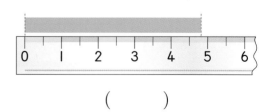

( )

3 우표의 길이는 약 몇 cm인지 알아보세요.

(1) 우표의 길이는 1 cm가 ☐ 번인 길이와 가깝습니다.

(2) 우표의 길이는 약 ☐ cm입니다.

4 물건의 길이는 약 몇 cm인지 ☐ 안에 알맞은 수를 써넣으세요.

(1)

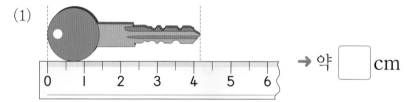

→ 약 ☐ cm

(2)

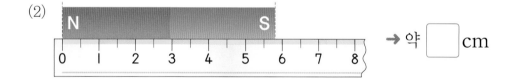

→ 약 ☐ cm

5 클립의 길이를 어림하고 자로 재어 확인해 보려고 합니다. 물음에 답하세요.

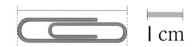

1 cm

(1) 자를 이용하지 않고 클립의 길이는 약 몇 cm인지 어림해 보세요.

약 ( )

(2) 클립의 길이를 자로 재면 몇 cm일까요?

( )

3 자로 길이 재기
개념 096쪽

01 길이를 바르게 잰 것을 찾아 기호를 쓰세요.

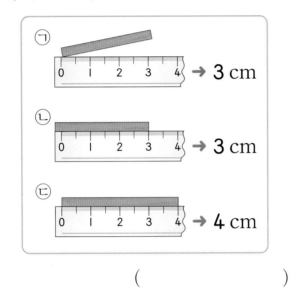

( )

02 같은 길이끼리 이어 보세요.

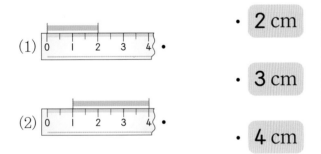

(1) • • 2 cm

• 3 cm

(2) • • 4 cm

03 색연필의 길이는 몇 cm일까요?

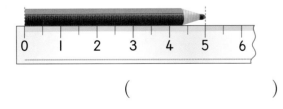

( )

04 장수풍뎅이의 길이는 몇 cm일까요?

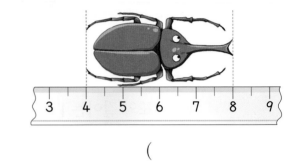

( )

어휘
톡톡 **장수풍뎅이**는 딱딱한 껍데기를 가진 곤충으로 수컷의 머리에 뿔이 나 있어.

05 자로 막대의 길이를 재어 보세요.

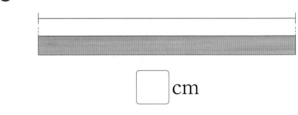

☐ cm

06 길이가 6 cm인 과자의 기호를 쓰세요.

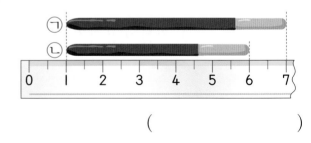

( )

교과역량 콕! 의사소통

07 양초의 길이를 잰 것입니다. 길이를 잘못 잰 사람의 이름을 쓰세요.

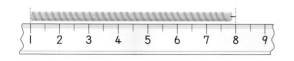

> 서준: 양초의 오른쪽 끝에 있는 자의 눈
> 　　금이 **8**을 가리키므로 **8** cm야.
> 하윤: 양초의 길이는 **1**부터 **8**까지 **1** cm
> 　　가 **7**번이므로 **7** cm야.

(　　　　　　　)

08 자로 재었을 때 길이가 **5** cm인 선을 찾아 기호를 쓰세요.

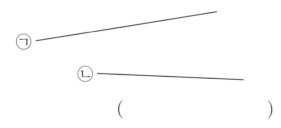

(　　　　　　　)

09 자로 길이를 재어 ☐ 안에 알맞은 수를 써 넣으세요.

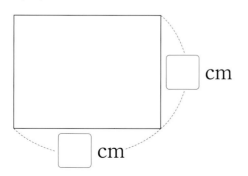

10 자로 연필의 길이를 재어 몇 cm인지 쓰고, 같은 길이만큼 점선을 따라 선을 그어 보세요.

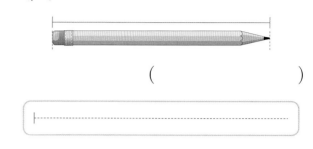

(　　　　　　　)

11 종이띠를 잘라 나란히 놓았습니다. 다음 중 가장 짧은 것의 길이는 몇 cm일까요?

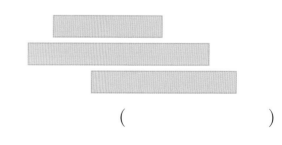

(　　　　　　　)

12 두 개의 못 중에서 어느 못이 몇 cm 더 긴지 차례로 쓰세요.

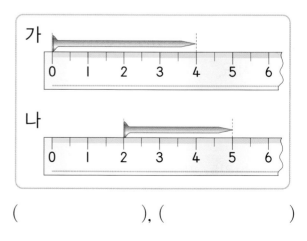

(　　　　　), (　　　　　)

4 **어림하여 길이 나타내기** 개념 098쪽

13 리본의 길이는 약 몇 cm일까요?

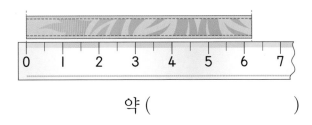

약 (   )

14 알약의 길이를 바르게 설명한 것에 ○표 하세요.

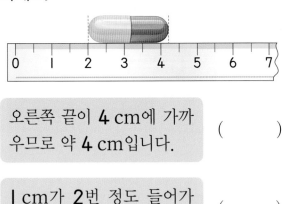

| 오른쪽 끝이 **4** cm에 가까 우므로 약 **4** cm입니다. | (   ) |

| **1** cm가 **2**번 정도 들어가 므로 약 **2** cm입니다. | (   ) |

15 도장의 길이를 어림하고 자로 재어 확인해 보세요.

어림한 길이	약 cm
자로 잰 길이	cm

16 막대의 길이를 잘못 말한 사람의 이름을 쓰세요.

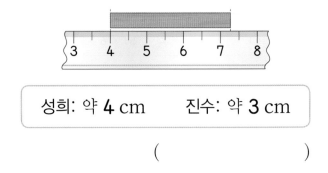

| 성희: 약 **4** cm   진수: 약 **3** cm |

(   )

17 세 변의 길이를 재어 보세요.

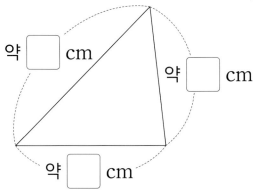

약 ☐ cm

약 ☐ cm

약 ☐ cm

18 〈 보기 〉에서 알맞은 길이를 골라 문장을 완성해 보세요.

〈 보기 〉
1 cm   **5** cm   **25** cm   **125** cm

(1) 손톱깎이의 긴 쪽의 길이는

☐ 입니다.

(2) 초등학교 **2**학년인 형석이의 키는

☐ 입니다.

19 사탕의 길이는 약 몇 cm일까요?

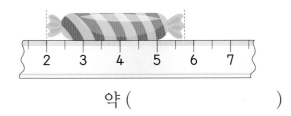

약 (   )

교과역량 콕! 추론 | 연결

20 책상 위의 물건 중에서 실제 길이가 15 cm에 가장 가까운 것에 ◯표 하세요.

21 아래와 같이 승헌이와 영미는 3 cm만큼 어림하여 종이를 잘랐습니다. 3 cm에 더 가깝게 어림한 사람은 누구일까요?

( )

힌트 톡! 어림한 길이와 자로 잰 길이의 차가 작을수록 더 가깝게 어림한 거야.

22 자를 이용하여 은행과 병원 중 도서관에서 더 먼 곳은 어디인지 구하세요.

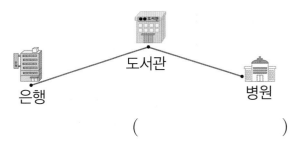

( )

교과역량 콕! 추론 | 의사소통

23 어림한 값이 5 cm로 같은 두 분필의 실제 길이가 <u>다른</u> 이유를 바르게 말한 사람의 이름을 쓰세요.

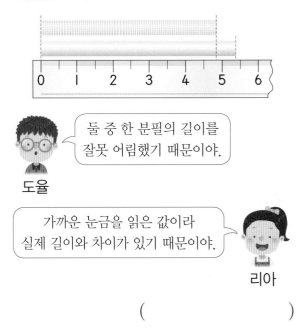

도율: 둘 중 한 분필의 길이를 잘못 어림했기 때문이야.

리아: 가까운 눈금을 읽은 값이라 실제 길이와 차이가 있기 때문이야.

( )

24 한 뼘의 길이가 약 13 cm이고, 동화책의 긴 쪽의 길이가 2뼘이라면 동화책의 긴 쪽의 길이는 약 몇 cm일까요?

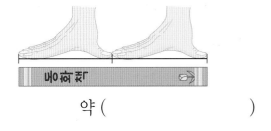

약 (   )

1

초록색 선의 길이를 **승호**는 **약 4 cm**, **은지**는 **약 5 cm**라고 하였습니다. 바르게 잰 사람은 누구인지 이유를 쓰고, 답을 구하세요.

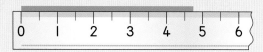

[이유] 눈금 사이의 길이를 재는 방법을 생각하며 이유 쓰기

오른쪽 끝이 ☐ cm 눈금에 더 가깝기 때문에 바르게 잰 사람은 ☐ 입니다.

답

2

빨간색 선의 길이를 **재석**이는 **약 3 cm**, **지현**이는 **약 4 cm**라고 하였습니다. 바르게 잰 사람은 누구인지 이유를 쓰고, 답을 구하세요.

[이유] 눈금 사이의 길이를 재는 방법을 생각하며 이유 쓰기

_____

_____

답

3

수수깡의 길이는 몇 cm인지 풀이 과정을 쓰고, 답을 구하세요.

[1단계] 수수깡의 양쪽 눈금 읽기

수수깡의 왼쪽 끝은 눈금 ☐ 에,

오른쪽 끝은 눈금 ☐ 에 있습니다.

[2단계] 1 cm가 몇 번인지 세어 길이 구하기

1 cm가 ☐ 번이므로 수수깡의 길이는

☐ cm입니다.

답

4

머리핀의 길이는 몇 cm인지 풀이 과정을 쓰고, 답을 구하세요.

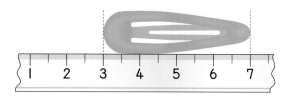

[1단계] 머리핀의 양쪽 눈금 읽기

_____

_____

[2단계] 1 cm가 몇 번인지 세어 길이 구하기

_____

_____

답

5

조각상의 길이를 빨대와 숟가락으로 잰 것입니다. **빨대와 숟가락 중 길이가 더 긴 것은 무엇**인지 풀이 과정을 쓰고, 답을 구하세요.

빨대	숟가락
8번	11번

(1단계) 단위의 길이와 잰 횟수의 관계 알아보기

잰 횟수가 적을수록 단위의 길이는 더
(깁니다 , 짧습니다).

(2단계) 길이가 더 긴 것 찾기

8<11이므로 길이가 더 긴 것은
☐ 입니다.

답 _____

6

교실의 긴 쪽의 길이를 서아와 지영이가 걸음으로 잰 것입니다. **한 걸음의 길이가 더 긴 사람**은 누구인지 풀이 과정을 쓰고, 답을 구하세요.

서아	지영
17걸음	14걸음

(1단계) 단위의 길이와 잰 횟수의 관계 알아보기

_____

(2단계) 한 걸음의 길이가 더 긴 사람 찾기

_____

_____

답 _____

7

1 cm, 2 cm, 3 cm인 막대가 있습니다. 이 막대들을 여러 번 사용하여 6 cm를 색칠해 보세요.

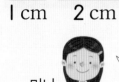

1 cm   2 cm   3 cm

미나 : 난 모든 막대를 다 사용할 거야.

(1단계) 미나가 사용하려는 막대 종류에 모두 ○표 하기

(1 cm , 2 cm , 3 cm)

(2단계) ○표 한 막대를 사용하여 색칠하기

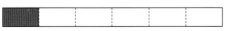

8

창의형

1 cm, 2 cm, 3 cm인 막대가 있습니다. 이 막대들을 여러 번 사용하여 7 cm를 색칠해 보세요.

1 cm   2 cm   3 cm

 : 사용하고 싶은 막대에 모두 ○표 해 봐.

(1단계) 사용하려는 막대 종류에 모두 ○표 하기

(1 cm , 2 cm , 3 cm)

(2단계) ○표 한 막대를 사용하여 색칠하기

01 다음 중 **1** 센티미터를 바르게 쓴 것은 어느 것일까요? ( )

① 1cm
② 1Cm
③ 1cm
④ 1cm
⑤ 1Cm

02 나윤이는 뼘으로 우산의 길이를 재었습니다. 우산의 길이는 몇 뼘일까요?

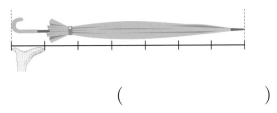

( )

03 같은 길이끼리 이어 보세요.

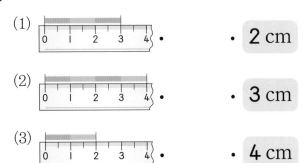

(1) · · 2 cm

(2) · · 3 cm

(3) · · 4 cm

04 다음 중 길이를 바르게 잰 것을 찾아 기호를 쓰세요.

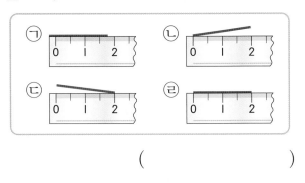

ㄱ ㄴ ㄷ ㄹ

( )

05 마이크의 길이는 클립과 지우개로 각각 몇 번일까요?

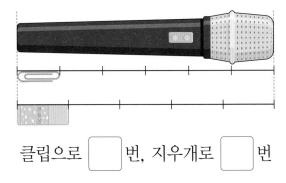

클립으로 ☐ 번, 지우개로 ☐ 번

06 초콜릿의 길이는 약 몇 cm일까요?

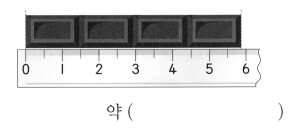

약 ( )

07 자를 사용하여 6 cm만큼 점선을 따라 선을 그어 보세요.

08 거울의 길이는 몇 cm인지 자로 재어 보세요.

(   )

09 모자의 실제 길이에 가장 가까운 것을 찾아 ◯표 하세요.

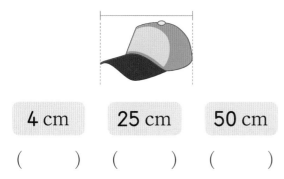

4 cm	25 cm	50 cm
( )	( )	( )

10 흰동가리의 길이는 몇 cm일까요?

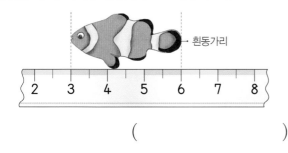

(   )

11 색 테이프의 길이를 재어 보세요.

약 (   )

12 장난감 자동차의 길이를 어림하고 자로 재어 확인해 보세요.

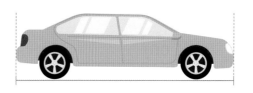

어림한 길이	약	cm
자로 잰 길이		cm

13 ㉠과 ㉡에 알맞은 수를 각각 구하세요.

- 4 cm는 1 cm가 ㉠번입니다.
- 1 cm로 ㉡번은 11 cm입니다.

㉠ (   )
㉡ (   )

14 길이가 더 긴 밧줄을 찾아 기호를 쓰세요.

가: 칫솔의 긴 쪽으로 **8**번인 밧줄
나: 리코더의 긴 쪽으로 **8**번인 밧줄

(   )

15 세 변의 길이를 자로 재었을 때 4 cm인 것을 찾아 기호를 쓰세요.

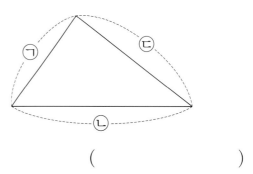

(   )

16 가장 작은 사각형의 변의 길이는 모두 1 cm입니다. 철사의 길이는 몇 cm인지 구하세요.

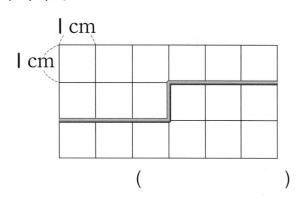

( )

17 길이가 가장 긴 것부터 차례로 기호를 쓰세요.

> ㉠ 1 cm가 15번인 길이
> ㉡ 12 cm
> ㉢ 19 cm

( )

18 한 뼘의 길이가 약 15 cm일 때 바지의 길이를 뼘으로 3번 재었다면 바지의 길이는 약 몇 cm일까요?

약 ( )

서술형

19 선의 길이를 하영이는 약 7 cm, 지수는 약 6 cm라고 하였습니다. 바르게 잰 사람은 누구인지 이유를 쓰고, 답을 구하세요.

이유 _____

_____

답 _____

20 수희와 영주가 뼘으로 침대의 짧은 쪽의 길이를 재었습니다. 한 뼘의 길이가 더 긴 사람은 누구일까요?

수희	영주
8번	10번

풀이 _____

_____

_____

_____

답 _____

창의력 쑥쑥

아래에서부터 차근차근 재료를 쌓아 샌드위치를 만들었어요.
누가 만든 샌드위치일까요?
각자 자기가 만든 샌드위치를 먹을 수 있도록 선으로 이어 주세요.

정답은 개념책 152쪽에서 확인하세요.

5

분류하기

학습을 끝낸 후
색칠하세요.

교과서
개념 잡기

수학익힘
문제 잡기

❶ 어떻게 분류하는지 알아보기
❷ 기준에 따라 분류하기
❸ 분류하여 세어 보고
　분류한 결과 말하기

⊙ 이전에 배운 내용

[1-1] 여러 가지 모양

⬜, ⬛, ⚪ 모양 분류하기

[1-2] 모양과 시각

⬜, 🔺, ⚪ 모양 분류하기

[1-2] 100까지의 수

물건의 수 세기

5단원
마무리

서술형
문제 잡기

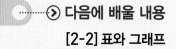 **다음에 배울 내용**

[2-2] 표와 그래프

자료를 분류하여 표로 나타내기
자료를 분류하여 그래프로 나타내기
표와 그래프로 알 수 있는 내용

① 어떻게 분류하는지 알아보기

분류할 때는 누가 분류하더라도 결과가 같아지는 **분명한 기준**을 정해야 합니다.

① [분류 기준] 좋아하는 옷과 좋아하지 않는 옷

분류하는 사람에 따라 결과가 다릅니다. → 분명하지 않은 기준

② [분류 기준] 윗옷과 아래옷

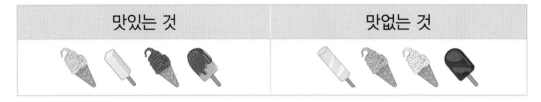

누가 분류해도 결과가 같습니다. → 분명한 기준

개념 확인 **1**

아이스크림 분류 기준을 알아보려고 합니다. 알맞은 말에 ○표 하세요.

(1) [분류 기준] 맛있는 것과 맛없는 것

맛있는 것	맛없는 것

→ 분류하는 사람에 따라 결과가 (같습니다 , 다릅니다).

(2) [분류 기준] 콘 아이스크림과 막대 아이스크림

콘 아이스크림	막대 아이스크림

→ 누가 분류해도 결과가 (같습니다 , 다릅니다).

2 분류 기준으로 알맞은 것에 ◯표 하세요.

(1)
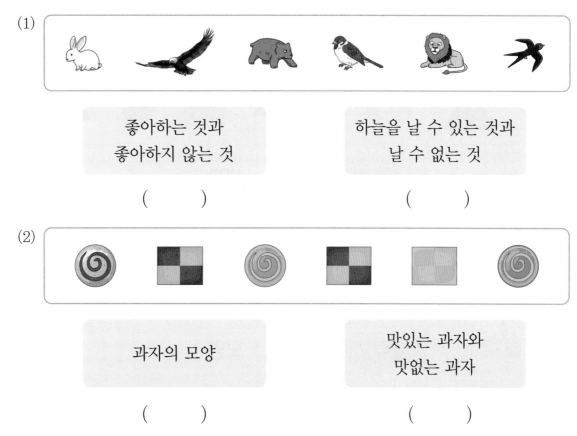

좋아하는 것과 좋아하지 않는 것	하늘을 날 수 있는 것과 날 수 없는 것
( )	( )

(2)

과자의 모양	맛있는 과자와 맛없는 과자
( )	( )

3 모양에 따라 분류할 수 있는 것에 ◯표 하세요.

( )   ( )

4 분류 기준으로 알맞은 것을 모두 찾아 기호를 쓰세요.

㉠ 예쁜 것과 예쁘지 않은 것
㉡ 모자의 색깔
㉢ 야구 모자와 털모자

( )

② 기준에 따라 분류하기

분류할 때는 색깔, 모양, 크기 등 분명한 분류 기준에 따라 분류해야 합니다.

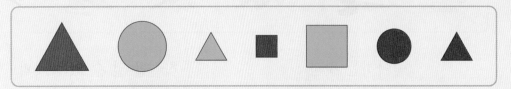

① | 분류 기준 | **색깔** |

빨간색	초록색

② | 분류 기준 | **모양** |

개념 확인 1

주어진 기준에 따라 젤리를 분류해 보세요.

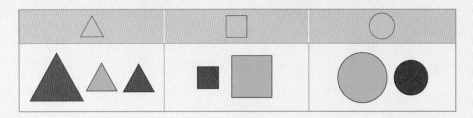

(1) | 분류 기준 | **젤리의 모양** |

㉠,	㉢,

(2) | 분류 기준 | **젤리의 색깔** |

빨간색	파란색	초록색

2 학용품을 분류할 수 있는 기준을 두 가지 쓰세요.

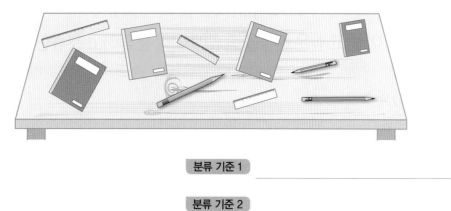

분류 기준 1 _____

분류 기준 2 _____

3 물건을 모양에 따라 분류해 보세요.

① 필통	② 축구공	③ 풀	④ 볼링공
⑤ 저금통	⑥ 구슬	⑦ 주사위	⑧ 분필

⬜	⬭	⚪
①,		

4 기준을 정하여 단추를 분류해 보세요.

분류 기준	구멍의 수

구멍 ☐ 개	구멍 ☐ 개

개념 강의

③ 분류하여 세어 보고 분류한 결과 말하기

학생들이 받고 싶은 선물을 종류에 따라 분류하고 분류한 결과 말하기

∨ 자전거	○ 인형	✕ 동화책	○ 인형	△ 학용품	○ 인형
∨ 자전거	✕ 동화책	○ 인형	∨ 자전거	△ 학용품	✕ 동화책

└─ 수를 셀 때 빠뜨리지 않도록 하나씩 표시를 하면서 세어 봐.

분류하고 세어 보기

종류	자전거	인형	동화책	학용품
세면서 표시하기	/////	/////	/////	/////
학생 수(명)	3	4	3	2

분류한 결과 말하기

① 가장 많은 학생들이 받고 싶은 선물: 인형 ◁ 학생들에게 줄 선물을 준비하려면 인형을 더 준비하는 것이 좋을 것 같아.

② 가장 적은 학생들이 받고 싶은 선물: 학용품

개념 확인 1 학생들이 좋아하는 민속놀이를 종류에 따라 분류하고 그 수를 세어 보세요.

공기놀이	씨름	팽이치기	팽이치기	제기차기
제기차기	공기놀이	팽이치기	팽이치기	팽이치기

분류하고 세어 보기

민속놀이	공기놀이	씨름	팽이치기	제기차기
세면서 표시하기	/////	/////	/////	/////
학생 수(명)	2			

분류한 결과 말하기

가장 많은 학생들이 좋아하는 민속놀이는 [   ]입니다.

2 학생들이 좋아하는 음식을 조사하였습니다. 물음에 답하세요.

자장면	피자	떡볶이	자장면	떡볶이
자장면	자장면	피자	떡볶이	피자

(1) 음식을 종류에 따라 분류하고 그 수를 세어 보세요.

종류	자장면	피자	떡볶이
세면서 표시하기			
학생 수(명)			

(2) 가장 많은 학생들이 좋아하는 음식은 무엇일까요?

(   )

(3) 점심 메뉴로 어떤 음식을 더 준비하면 좋을까요?

(   )

3 동물을 이동 방법에 따라 분류하고 그 수를 세어 보세요.

분류 기준	이동 방법

이동 방법	걸어서 이동	헤엄쳐서 이동
동물의 이름	사자, 사슴,	돌고래,
동물의 수(마리)		

1 어떻게 분류하는지 알아보기 개념 112쪽

01 분류 기준을 알맞게 말한 사람의 이름을 쓰세요.

> 승민: 재미있는 운동과 재미없는 운동
> 지유: 공으로 하는 운동과 공 없이 하는 운동

(   )

02 꽃을 분류한 기준이 분명한 것의 기호를 쓰세요.

가	빨간색	노란색

나	예쁜 것	예쁘지 않은 것

(   )

03 분류 기준으로 알맞지 <u>않은</u> 것에 ◯표 하세요.

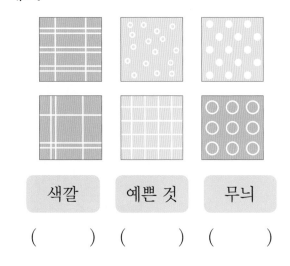

색깔	예쁜 것	무늬
( )	( )	( )

교과역량 콕! 의사소통 | 연결

04 젤리를 어떻게 분류하면 좋을지 ☐ 안에 알맞은 분류 기준을 써넣으세요.

젤리를 어떻게 분류할 수 있을까?

젤리를 ☐ (으)로 분류하는 것은 어때?

젤리를 ☐ (으)로도 분류할 수 있어.

② 기준에 따라 분류하기 　개념 114쪽

[05~06] 동물을 기준에 따라 분류하려고 합니다. 물음에 답하세요.

① 독수리　② 돼지　③ 토끼
④ 개　⑤ 제비　⑥ 펭귄

05 다리의 수에 따라 분류해 보세요.

다리 2개	①,
다리 4개	

06 활동하는 곳에 따라 분류해 보세요.

하늘	①,
땅	

07 냉장고에서 잘못 분류된 칸을 찾아 ◯표 하고, ☐ 안에 알맞은 말을 써넣으세요.

우유

생선

과일

(우유 칸 , 생선 칸 , 과일 칸)

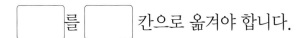

☐ 를 ☐ 칸으로 옮겨야 합니다.

[08~09] 공룡을 분류하려고 합니다. 물음에 답하세요.

08 분류할 수 있는 기준을 쓰세요.

分류 기준 _____

09 위 **08**에서 정한 분류 기준으로 분류해 보세요.

교과역량 쏙! 문제해결 | 정보처리

10 기준에 따라 물건을 알맞게 분류하여 가게를 만들려고 합니다. 각 가게에 알맞은 물건을 찾아 선으로 이어 보세요.

(1) 장난감 가게　·

(2) 옷 가게　·

· 인형

· 티셔츠

· 블록

· 로봇

· 바지

3 분류하여 세어 보고
분류한 결과 말하기

개념 116쪽

11 식탁 위의 물건을 종류에 따라 분류하고
그 수를 세어 보세요.

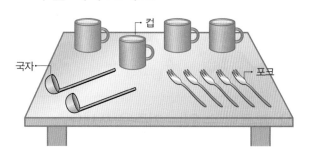

종류	컵	국자	포크
세면서 표시하기			
물건의 수(개)			

12 인호네 반 학생들이 좋아하는 반찬을 조사
하였습니다. 반찬의 종류에 따라 분류하고
그 수를 세어 보세요.

생선	고기	김	고기
김	김치	생선	고기
김치	고기	김	김치

종류	생선	고기	김	김치
세면서 표시하기				
학생 수(명)				

[13~16] 서영이네 반 학생들이 태어난 계절입
니다. 물음에 답하세요.

봄	여름	여름	가을
여름	여름	봄	겨울
봄	가을	겨울	가을

13 계절에 따라 분류하고 그 수를 세어 보세요.

계절	봄	여름	가을	겨울
세면서 표시하기				
학생 수(명)				

14 가장 많은 학생들이 태어난 계절은 무엇일
까요?

( )

15 가장 적은 학생들이 태어난 계절은 무엇일
까요?

( )

16 태어난 계절에 따라 분류하면 어떤 점이
좋은지 쓰세요.

_____

_____

[17~19] 여러 가지 바구니를 분류하려고 합니다. 물음에 답하세요.

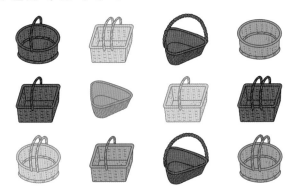

17 바구니를 색깔에 따라 분류하고 그 수를 세어 보세요.

분류 기준	색깔		

색깔	빨간색	파란색	노란색
바구니의 수(개)			

18 위 **17**에서 완성한 표를 보고 가장 많은 바구니의 색깔은 무엇인지 쓰세요.

( )

19 위 **17**과는 다른 기준을 정하여 분류하고 그 수를 세어 보세요.

분류 기준	

바구니의 수(개)			

[20~23] 가게에서 오늘 팔린 우유를 조사하였습니다. 물음에 답하세요.

20 우유를 맛에 따라 분류하고 그 수를 세어 보세요.

분류 기준	맛		

맛	초콜릿	딸기	바나나
우유의 수(개)			

21 오늘 가장 많이 팔린 우유는 어떤 맛일까요?

( )

22 바나나 맛 우유는 딸기 맛 우유보다 몇 개 더 많이 팔렸을까요?

( )

23 가게 주인이 내일 판매할 우유를 준비할 때 어떤 맛 우유를 가장 많이 준비하면 좋을까요?

( )

1

물건을 모양에 따라 분류했을 때 ⬜ **모양은 모두 몇 개인지** 풀이 과정을 쓰고, 답을 구하세요.

(1단계) ⬜ 모양의 물건 알아보기

⬜ 모양의 물건은 선물 상자, [   ], 휴지 상자입니다.

(2단계) ⬜ 모양은 모두 몇 개인지 구하기

⬜ 모양의 물건은 모두 [   ]개입니다.

답 _____

2

물건을 모양에 따라 분류했을 때 ⚪ **모양은 모두 몇 개인지** 풀이 과정을 쓰고, 답을 구하세요.

(1단계) ⚪ 모양의 물건 알아보기

_____

_____

(2단계) ⚪ 모양은 모두 몇 개인지 구하기

_____

_____

답 _____

3

학급 문고에 있는 책을 종류별로 조사하였습니다. 책 수가 종류별로 비슷하려면 **어떤 종류의 책을 더 사면 좋을지** 설명해 보세요.

종류	과학책	위인전	동화책
책의 수(권)	17	4	15

(설명) 어떤 책을 더 사면 좋을지 설명하기

다른 책보다 수가 적은 [   ]을 더 사는 것이 좋을 것 같습니다.

4

교실에 있는 학용품을 종류별로 조사하였습니다. 학용품 수가 종류별로 비슷하려면 **어떤 학용품을 더 사면 좋을지** 설명해 보세요.

종류	가위	지우개	풀
학용품의 수(개)	19	22	6

(설명) 어떤 학용품을 더 사면 좋을지 설명하기

_____

_____

5

냉장고에 있는 과일입니다. **가장 많은 과일은 무엇**인지 풀이 과정을 쓰고, 답을 구하세요.

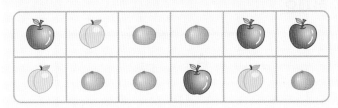

1단계 과일을 종류에 따라 분류하여 세어 보기

과일을 분류하여 세어 보면 사과가 ☐ 개,

복숭아가 ☐ 개, 귤이 ☐ 개입니다.

2단계 가장 많은 과일 찾기

따라서 가장 많은 과일은 ☐ 입니다.

답 _____

6

교실에 있는 화분입니다. **가장 많은 화분 색깔**은 무엇인지 풀이 과정을 쓰고, 답을 구하세요.

1단계 화분 색깔에 따라 분류하여 세어 보기

_____

_____

2단계 가장 많은 화분 색깔 찾기

_____

답 _____

7

분류 기준을 만들고 분류 기준에 알맞은 **우산**을 찾아 번호를 쓰세요.

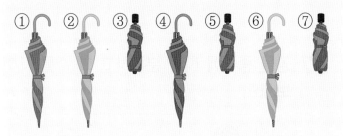

1단계 분류 기준에 ○표 하기

• (빨간색 , 초록색 , 보라색)입니다.
• 길이가 (짧은 , 긴) 우산입니다.

2단계 분류 기준에 알맞은 우산 찾기

빨간색 우산은 ☐ , ☐ , ☐ 이고, 그중

길이가 짧은 우산은 ☐ , ☐ 입니다.

답 _____

8

창의형

분류 기준을 만들고 분류 기준에 알맞은 **꽃병**을 찾아 번호를 쓰세요.

1단계 분류 기준에 ○표 하기

• (빨간색 , 파란색)입니다.
• 손잡이가 (0 , 1 , 2)개인 꽃병입니다.

2단계 분류 기준에 알맞은 꽃병 찾기

☐ 색 꽃병은 _____ 이고, 그중

손잡이가 ☐ 개인 꽃병은 _____ 입니다.

답 _____

[01~03] 신발을 종류에 따라 분류하려고 합니다. 물음에 답하세요.

01 분류 기준으로 알맞은 것에 ○표 하세요.

예쁜 것   색깔

(   )   (   )

02 노란색 신발을 모두 찾아 번호를 쓰세요.

(   )

03 파란색 신발을 모두 찾아 번호를 쓰세요.

(   )

04 도형을 분류할 수 있는 기준을 쓰세요.

분류 기준 _____

[05~06] 여러 가지 자석이 있습니다. 물음에 답하세요.

05 글자의 종류에 따라 분류해 보세요.

한글	가,
알파벳	A,

06 글자의 색깔에 따라 분류해 보세요.

파란색	나,
검은색	A,
빨간색	다,

07 공을 종류에 따라 분류하고 그 수를 세어 보세요.

종류	농구공	배구공	축구공
세면서 표시하기			
공의 수(개)			

[08~11] 재호네 반 학생들이 좋아하는 운동을 조사하였습니다. 물음에 답하세요.

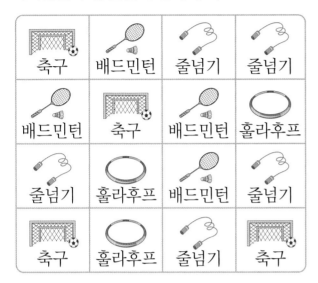

08 운동의 종류에 따라 분류하고 그 수를 세어 보세요.

종류	축구	배드민턴	줄넘기	훌라후프
세면서 표시하기				
학생 수(명)				

09 가장 많은 학생들이 좋아하는 운동은 무엇일까요?

(   )

10 가장 적은 학생들이 좋아하는 운동은 무엇일까요?

(   )

11 학생들이 쉬는 시간에 운동을 한다면 어떤 운동을 하는 것이 좋을까요?

(   )

[12~15] 여러 가지 단추가 있습니다. 물음에 답하세요.

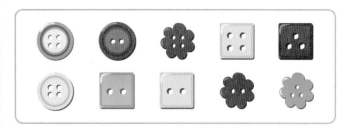

12 단추를 모양에 따라 분류하고 그 수를 세어 보세요.

분류 기준	모양		
모양			
단추의 수(개)			

13 모양에 따라 분류했을 때 수가 <u>다른</u> 모양에 ◯표 하세요.

(,   ,   )

14 위 12와는 다른 기준을 정하여 분류하고 그 수를 세어 보세요.

분류 기준			
단추의 수(개)			

15 빨간색 단추는 노란색 단추보다 몇 개 더 많을까요?

(   )

16 장난감 진열대에서 잘못 분류된 것을 찾아 ○표 하세요.

공룡
로봇
자동차

[17~18] 수 카드를 기준에 따라 분류하려고 합니다. 물음에 답하세요.

┌─파란색   ┌─주황색   ┌─초록색

| 58 | 342 | 111 | 5 |

| 641 | 36 | 9 | 88 |

17 색깔에 따라 수 카드를 분류해 보세요.

분류 기준	색깔

색깔	파란색	주황색	초록색
수 카드에 적힌 수			

18 파란색이면서 두 자리 수가 적힌 수 카드는 모두 몇 장인가요?

( )

19 체육실에 있는 공을 종류별로 조사하였습니다. 공의 수가 종류별로 비슷하려면 어떤 공을 더 사면 좋을지 설명해 보세요.

종류	농구공	축구공	배구공
공의 수(개)	18	3	21

[설명]

20 집에 있는 컵입니다. 가장 많은 컵 색깔은 무엇인지 풀이 과정을 쓰고, 답을 구하세요.

[풀이]

[답]

우리는 상황이나 기분에 따라 다양한 얼굴 표정을 짓게 돼요.
지금 나는 어떤 표정을 짓고 있나요?
주어진 눈, 코, 입 모양을 이용하여 여러 가지 얼굴 표정을 완성해 보세요.

6

곱셈

학습을 끝낸 후
색칠하세요.

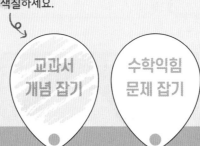

교과서
개념 잡기

수학익힘
문제 잡기

❶ 여러 가지 방법으로 세어 보기
❷ 몇의 몇 배 알아보기

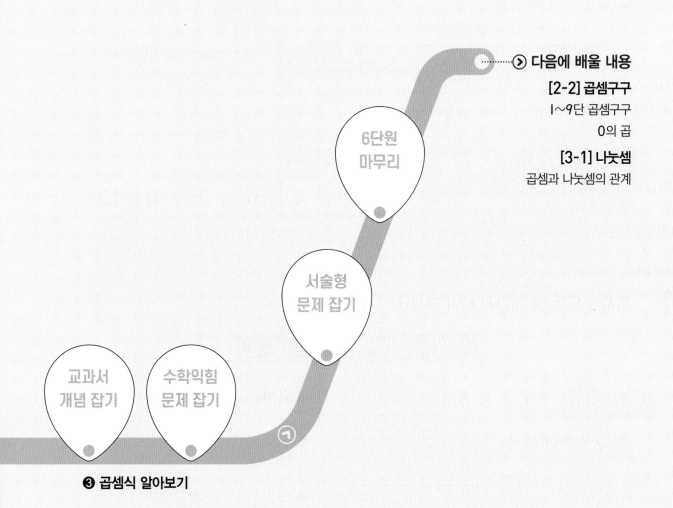

다음에 배울 내용

[2-2] 곱셈구구

1~9단 곱셈구구

0의 곱

[3-1] 나눗셈

곱셈과 나눗셈의 관계

6단원
마무리

서술형
문제 잡기

교과서
개념 잡기

수학익힘
문제 잡기

❸ 곱셈식 알아보기

① 여러 가지 방법으로 세어 보기

구슬의 수를 여러 가지 방법으로 세기

(1) 하나씩 세기: 1, 2, 3, 4, …, 11, **12** → 구슬은 12개입니다.

(2) 4씩 뛰어 세기

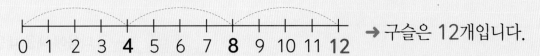

→ 구슬은 12개입니다.

(3) 2씩 묶어 세기 ── 6씩 2묶음으로 묶어 셀 수도 있어.

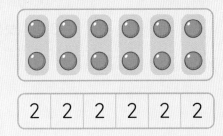

2씩 6묶음:

→ 구슬은 12개입니다.

개념 확인 1 과자는 모두 몇 개인지 세어 보세요.

(1) 하나씩 세기: 1, 2, 3, ☐, ☐, ☐ → 과자는 ☐개입니다.

(2) 2씩 뛰어 세기

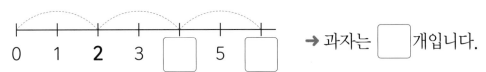

→ 과자는 ☐개입니다.

(3) 3씩 묶어 세기

3씩 2묶음: 3 ─ ☐

→ 과자는 ☐개입니다.

2 케이크는 모두 몇 개인지 하나씩 세어 보세요.

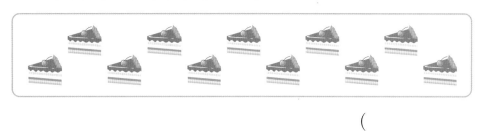

(　　　　　　)

3 사과는 모두 몇 개인지 3씩 뛰어 세어 보세요.

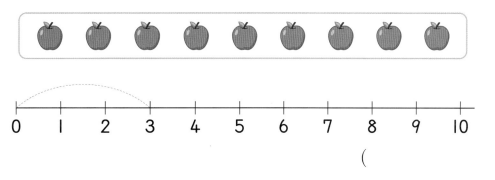

(　　　　　　)

4 사탕은 모두 몇 개인지 묶어 세어 보세요.

(1) 사탕의 수를 6씩 묶어 세어 보세요.

6씩 ☐ 묶음: 　6　 ☐ ☐

(2) 사탕은 모두 몇 개일까요?

(　　　　　　)

5 토마토는 모두 몇 개인지 두 가지 방법으로 묶어 세어 보세요.

・4씩 ☐ 묶음 　　・5씩 ☐ 묶음

→ 토마토는 모두 ☐ 개입니다.

교과서 개념 잡기

개념 강의

② 몇의 몇 배 알아보기

몇의 몇 배

■씩 ▲묶음 → ■의 ▲배

♥♥

2씩 1묶음 → 2의 1배

♥♥ ♥♥

2씩 2묶음 → 2의 2배

♥♥ ♥♥ ♥♥

2씩 3묶음 → 2의 3배

♥♥ ♥♥ ♥♥ ♥♥

2씩 4묶음 → 2의 4배

몇의 몇 배로 나타내기

(1) 모형의 수로 알아보기

주황색 모형의 수는 파란색 모형 2묶음과 같아.

주황색 모형의 수
→ 파란색 모형의 수의 2배

(2) 길이로 알아보기

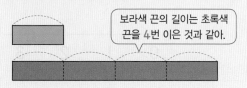

보라색 끈의 길이는 초록색 끈을 4번 이은 것과 같아.

보라색 끈의 길이
→ 초록색 끈의 길이의 4배

개념 확인 1 묶음의 수를 이용하여 몇의 몇 배인지 알아보세요.

(1)

3씩 2묶음 → 3의 ☐배

(2)

3씩 ☐묶음 → 3의 ☐배

2 ☐ 안에 알맞은 수를 써넣으세요.

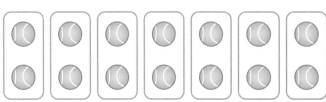

2씩 ☐묶음은 2의 ☐배입니다.

3 미나가 가지고 있는 모형의 수는 현우가 가지고 있는 모형의 수의 몇 배인지 알아보려고 합니다. ☐ 안에 알맞은 수를 써넣으세요.

 현우 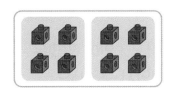 미나

(1) 8을 4씩 묶으면 ☐ 묶음이므로 8은 4의 ☐ 배입니다.

(2) 미나가 가진 모형의 수는 현우가 가진 모형의 수의 ☐ 배입니다.

4 그림을 보고 ☐ 안에 알맞은 수를 써넣으세요.

5씩 ☐ 묶음이므로

☐의 ☐ 배입니다.

5 관계있는 것끼리 이어 보세요.

(1) 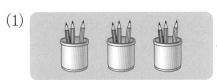 ・   ・ 4씩 3묶음 ・   ・ 3의 3배

(2)  ・   ・ 2씩 5묶음 ・   ・ 4의 3배

(3) 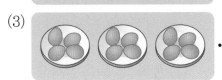 ・   ・ 3씩 3묶음 ・   ・ 2의 5배

6 초록색으로 색칠한 길이는 노란색으로 색칠한 길이의 몇 배일까요?

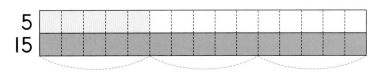

(   )

1 여러 가지 방법으로 세어 보기 개념 130쪽

01 종이배를 하나씩 세어 ☐ 안에 알맞은 수를 써넣고, 모두 몇 개인지 구하세요.

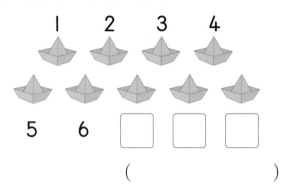

1   2   3   4

5   6   ☐   ☐   ☐

(   )

[02~03] 딸기는 모두 몇 개인지 여러 가지 방법으로 세려고 합니다. 물음에 답하세요.

02 5씩 뛰어 세어 보세요.

0 1 2 3 4 5 6 7 8 9 10

(   )

03 2씩 묶어 세어 보세요.

2씩 ☐ 묶음

2   4   ☐   ☐   ☐

(   )

04 공깃돌은 모두 몇 개인지 세어 보세요.

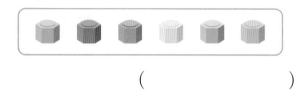

(   )

05 조개는 몇씩 몇 묶음인지 바르게 나타낸 것에 ◯표 하세요.

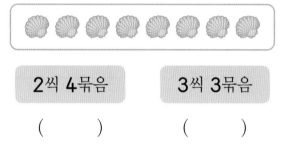

2씩 4묶음   3씩 3묶음

(   )   (   )

06 만두는 모두 몇 개인지 묶어 세어 보세요.

(1) 8씩 몇 묶음일까요?

(   )

(2) 4씩 몇 묶음일까요?

(   )

(3) 만두는 모두 몇 개일까요?

(   )

07 ☐ 안에 알맞은 수를 써넣으세요.

5개씩 묶으면 ☐ 묶음이야.
당근은 모두 몇 개일까?

5, ☐, ☐ (으)로
세어 볼 수 있어.
당근은 모두 ☐ 개야.

08 민성이와 다른 방법으로 묶고, 몇씩 몇 묶음인지 쓰세요.

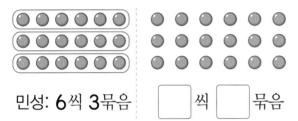

민성: 6씩 3묶음   ☐ 씩 ☐ 묶음

09 농구공은 몇씩 몇 묶음인지 쓰고, 모두 몇 개인지 구하세요.

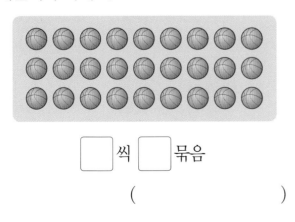

☐ 씩 ☐ 묶음

(   )

10 병아리가 12마리 있습니다. 바르게 말한 사람의 이름을 모두 쓰세요.

한서: 병아리를 4마리씩 묶으면 3묶음이 됩니다.
세하: 병아리의 수는 3씩 5묶음입니다.
은율: 병아리의 수는 3, 6, 9, 12로 세어 볼 수 있습니다.

(   )

교과역량 콕! 문제해결 | 추론

11 ☐ 안에 알맞은 수를 써넣으세요.

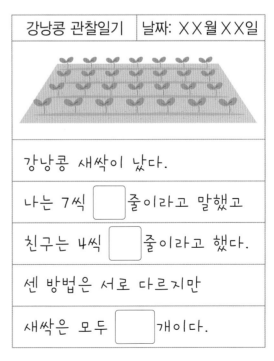

강낭콩 관찰일기	날짜: ✕✕월✕✕일

강낭콩 새싹이 났다.

나는 7씩 ☐ 줄이라고 말했고

친구는 4씩 ☐ 줄이라고 했다.

센 방법은 서로 다르지만

새싹은 모두 ☐ 개이다.

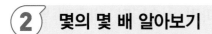

2 몇의 몇 배 알아보기　　　개념 132쪽

12 ☐ 안에 알맞은 수를 써넣으세요.

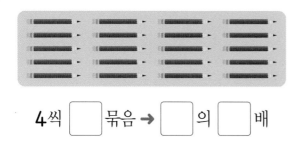

4씩 ☐ 묶음 → ☐ 의 ☐ 배

13 옥수수의 수를 <u>잘못</u> 나타낸 것에 ×표 하세요.

| 7의 2배 | 3의 6배 | 2의 7배 |

(　)　(　)　(　)

14 유나가 가진 리본의 수는 정민이가 가진 리본의 수의 몇 배일까요?

정민　　　　유나

(　　　　　)

15 사용한 구슬을 보고 ☐ 안에 알맞은 수를 써넣으세요.

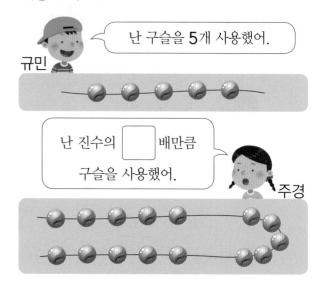

난 구슬을 5개 사용했어.

규민

난 진수의 ☐ 배만큼 구슬을 사용했어.

주경

16 24는 4의 몇 배일까요?

(　　　　　)

17 ☐ 안에 알맞은 수를 써넣고, 이어 보세요.

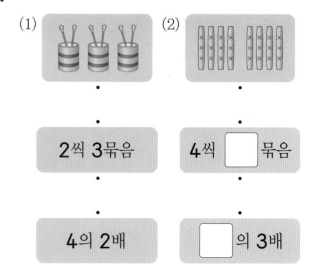

(1)　　　　　　　(2)

2씩 3묶음　　　4씩 ☐ 묶음

4의 2배　　　☐ 의 3배

18 빨간색 막대 길이의 **3**배가 되도록 빈 막대를 색칠해 보세요.

19 상자의 수를 몇의 몇 배로 나타낸 것입니다. ◯ 안에 알맞은 수를 써넣으세요.

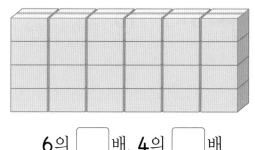

6의 ◯ 배, 4의 ◯ 배

20 소시지의 수를 몇의 몇 배로 나타내세요.

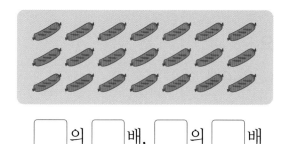

◯의 ◯ 배, ◯의 ◯ 배

21 그림을 보고 ◯ 안에 알맞은 수를 써넣으세요.

백설기	꿀떡
◯씩 ◯묶음	◯씩 ◯묶음
↓	↓
◯의 ◯배	◯의 ◯배

힌트 톡! 그림 속 백설기와 꿀떡이 어떻게 놓여 있는지 확인해 봐.

22 친구들이 쌓은 연결 모형의 수는 순영이가 쌓은 연결 모형의 수의 몇 배일까요?

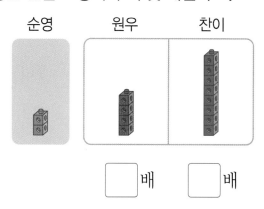

순영　원우　찬이

◯ 배　◯ 배

23 동물원에 사자는 **2**마리, 기린은 **6**마리 있습니다. 기린의 수는 사자의 수의 몇 배일까요?

(　　　　　　)

개념 강의

③ 곱셈식 알아보기

곱셈, 곱셈식

$$3의 4배 \rightarrow \boxed{쓰기}\ 3 \times 4$$
$$\boxed{읽기}\ 3\ 곱하기\ 4$$

└ 3의 4배를 '×'를 사용하여 나타낼 수 있어.

3+3+3+3은 3×4와 같습니다.

[덧셈식] $3+3+3+3=12$
  └─ 4번 ─┘

[곱셈식] $3 \times 4 = 12$

- 3×4=12는 3 곱하기 4는 12와 같습니다라고 읽습니다.
- 3과 4의 곱은 12입니다.

젤리의 수를 곱셈식으로 나타내기

(1) 덧셈식과 곱셈식으로 나타내기

2씩 5묶음 → 2의 5배

[덧셈식] $2+2+2+2+2=10$
         └─ 5번 ─┘

[곱셈식] $2 \times 5 = 10$

(2) 다른 곱셈식으로 나타내기

5씩 2묶음 → 5의 2배

[곱셈식] $5 \times 2 = 10$ ← 묶는 방법에 따라 다양한 곱셈식으로 나타낼 수 있어.

개념 확인 1 누름 못의 수를 곱셈으로 알아보세요.

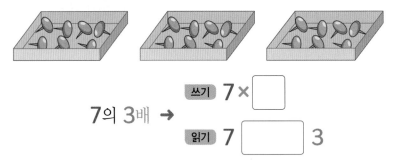

$$7의 3배 \rightarrow \boxed{쓰기}\ 7 \times \boxed{}$$
$$\boxed{읽기}\ 7 \boxed{}\ 3$$

개념 확인 2 물고기의 수를 덧셈식과 곱셈식으로 나타내세요.

2씩 4묶음 → 2의 4배

[덧셈식] $2+2+2+\boxed{}=\boxed{}$

[곱셈식] $2 \times \boxed{} = \boxed{}$

3 ☐ 안에 알맞은 수를 써넣으세요.

(1) 5씩 ☐ 묶음 → 5의 ☐ 배

(2) 5의 ☐ 배는 ☐ × ☐ (이)라고 씁니다.

4 곱셈식으로 나타내세요.

(1) | 7 곱하기 4는 28과 같습니다. | → 7 × ☐ = ☐

(2) | 5와 9의 곱은 45입니다. | → 5 × ☐ = ☐

5 책의 수를 곱셈식으로 나타내고, 모두 몇 권인지 구하세요.

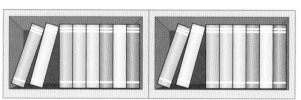

8 × ☐ = ☐

→ ☐ 권

6 야구공의 수를 덧셈식과 곱셈식으로 나타내세요.

덧셈식 6 + 6 + ☐ + ☐ = ☐   곱셈식 ☐ × ☐ = ☐

3 곱셈식 알아보기

개념 138쪽

01 그림을 보고 ⬜ 안에 알맞은 수를 써넣으세요.

6씩 ⬜ 묶음, 6의 ⬜ 배를

곱셈으로 나타내면

⬜ × ⬜ 입니다.

02 ⬜ 안에 알맞은 수를 써넣으세요.

4+4+4+4+4+4는

4× ⬜ 와/과 같습니다.

03 덧셈식을 곱셈식으로 나타내세요.

(1) 8+8+8=24

곱셈식 8 × ⬜ = ⬜

(2) 6+6+6+6=24

곱셈식 _____

04 구멍이 2개인 단추 7개가 있습니다. 단추 구멍은 모두 몇 개일까요?

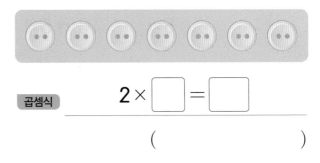

곱셈식 2 × ⬜ = ⬜

(   )

05 곱셈식을 바르게 읽은 사람의 이름을 쓰세요.

9 × 7 = 63

9 곱하기 7은 63과 같습니다.

9와 7의 합은 63입니다.

도율   리아

(   )

06 바퀴가 4개인 자동차가 있습니다. 바퀴는 모두 몇 개인지 알아보세요.

4의 ⬜ 배

덧셈식 _____

곱셈식 _____

07 꽃잎이 **5**장인 꽃이 있습니다. 꽃잎의 수는 모두 몇 장인지 알아보세요.

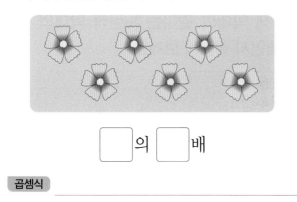

$$\boxed{}\text{의}\boxed{}\text{배}$$

곱셈식 _____

08 보석의 수를 곱셈식으로 잘못 설명한 것을 찾아 기호를 쓰세요.

> ㉠ **7×3=21**로 나타낼 수 있습니다.
> ㉡ **7×3=21**은 '**7** 곱하기 **3**은 **21**과 같습니다'라고 읽습니다.
> ㉢ **7+7+7+7**은 **7×3**과 같습니다.
> ㉣ **7**과 **3**의 곱은 **21**입니다.

(   )

09 두 가지 곱셈식으로 나타내어 강아지는 모두 몇 마리인지 구하세요.

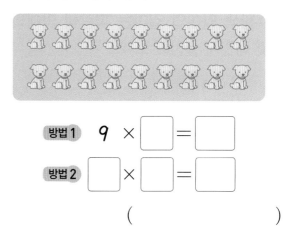

방법1 $9 \times \boxed{} = \boxed{}$

방법2 $\boxed{} \times \boxed{} = \boxed{}$

(   )

10 곱이 가장 작은 것에 △표 하세요.

| 3×5 | 4×4 | 6×2 |

(   )   (   )   (   )

11 은진이의 나이는 **8**살이고, 이모의 나이는 은진이의 나이의 **4**배입니다. 이모의 나이는 몇 살일까요?

곱셈식 _____

(   )

1

주황색 막대의 길이는 파란색 막대의 길이의 몇 배인지 설명해 보세요.

2 cm
10 cm

설명 파란색 막대를 몇 개 이어야 주황색 막대의 길이와 같아지는지 찾아 설명하기

주황색 막대의 길이는 파란색 막대를 [ ] 번 이어 붙여야 같아집니다.

따라서 주황색 막대의 길이는 파란색 막대의 길이의 [ ] 배입니다.

2

초록색 막대의 길이는 노란색 막대의 길이의 몇 배인지 설명해 보세요.

6 cm
24 cm

설명 노란색 막대를 몇 개 이어야 초록색 막대의 길이와 같아지는지 찾아 설명하기

_____

_____

_____

3

상자 8개에 들어 있는 키위는 모두 몇 개인지 풀이 과정을 쓰고, 답을 구하세요.

1단계 키위의 수를 몇의 몇 배로 나타내기

키위의 수는 [ ] 의 8배입니다.

2단계 키위는 모두 몇 개인지 곱셈식으로 구하기

[ ] 의 8배 ➡ [ ] × 8 = [ ]

따라서 키위는 모두 [ ] 개입니다.

답 _____

4

상자 3개에 들어 있는 망고는 모두 몇 개인지 풀이 과정을 쓰고, 답을 구하세요.

1단계 망고의 수를 몇의 몇 배로 나타내기

_____

_____

2단계 망고는 모두 몇 개인지 곱셈식으로 구하기

_____

_____

답 _____

5

하루에 책을 5쪽씩 읽는 계획을 세우고, 계획을 실천한 날에 ◯표 했습니다. 실천한 날에 **읽은 책은 모두 몇 쪽**인지 풀이 과정을 쓰고, 답을 구하세요.

월	화	수	목	금
◯	◯	◯	◯	◯

〔1단계〕 실천한 날수 구하기

◯표 한 날을 세어 보면 월, 화, 수, 목, 금으로 실천한 날수는 [　]일입니다.

〔2단계〕 실천한 날에 읽은 책은 모두 몇 쪽인지 구하기

실천한 날에 읽은 책의 쪽수를 곱셈식으로 나타내면 5 × [　] = [　]입니다.

⟨답⟩ _____

6

하루에 낙엽 2장을 줍는 계획을 세우고, 계획을 실천한 날에 ◯표 했습니다. 실천한 날에 **주운 낙엽은 모두 몇 장**인지 풀이 과정을 쓰고, 답을 구하세요.

월	화	수	목	금
◯		◯	◯	◯

〔1단계〕 실천한 날수 구하기

_____

_____

〔2단계〕 실천한 날에 주운 낙엽은 모두 몇 장인지 구하기

_____

_____

⟨답⟩ _____

7

각 바구니 안에 같은 수의 밤을 담으려고 합니다. **미나가 말한 밤의 수만큼 ◯를 그리고, 밤은 모두 몇 개**인지 세어 구하세요.

미나: 난 한 바구니에 밤을 6개씩 그릴 거야.

〔1단계〕 바구니에 같은 수만큼 ◯를 그리기

〔2단계〕 밤은 모두 몇 개인지 구하기

바구니에 [　]개씩 넣어서 3묶음이 되었습니다. 밤은 6, 12, [　]로 세어서 모두 [　]개입니다.

8

각 상자 안에 같은 수의 크레파스를 담으려고 합니다. **크레파스의 수만큼 /를 그리고, 크레파스는 모두 몇 자루**인지 세어 구하세요.

〔1단계〕 상자에 같은 수만큼 /를 그리기

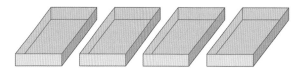

〔2단계〕 크레파스는 모두 몇 자루인지 구하기

상자에 [　]자루씩 넣어서 4묶음이 되었습니다. 크레파스는 [　], [　], [　], [　]로 세어서 모두 [　]자루입니다.

맞힌 개수

01 풍선은 모두 몇 개인지 하나씩 세어 보세요.

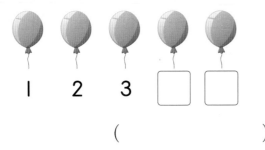

1　2　3　□　□

(　　　　　)

[02~03] ◆ 모양은 모두 몇 개인지 여러 가지 방법으로 세어 보려고 합니다. 물음에 답하세요.

02 4씩 뛰어 세어 보세요.

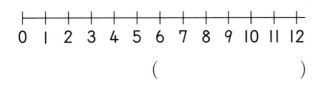

(　　　　　)

03 3씩 묶어 세어 보세요.

3 — 6 — □ — □

(　　　　　)

04 □ 안에 알맞은 수를 써넣으세요.

8씩 □ 묶음 → □의 □배

05 □ 안에 알맞은 수를 써넣으세요.

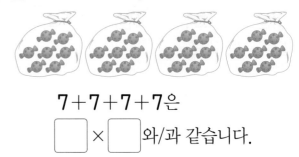

7+7+7+7은

□ × □ 와/과 같습니다.

06 은행잎은 모두 몇 장인지 묶어 세어 보세요.

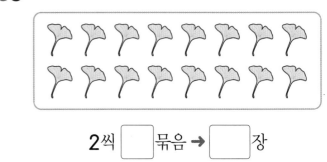

2씩 □ 묶음 → □ 장

07 아이스크림의 수를 덧셈식과 곱셈식으로 나타내세요.

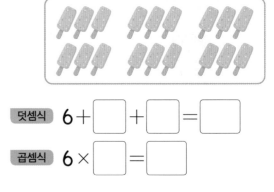

덧셈식 6+□+□=□

곱셈식 6×□=□

08 나타내는 수가 <u>다른</u> 하나에 ×표 하세요.

5×3　　5+3　　5의 3배

09 방울의 수를 곱셈식으로 나타내세요.

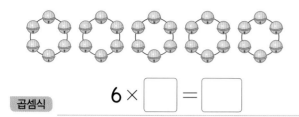

곱셈식 $6 \times \boxed{} = \boxed{}$

10 관계있는 것끼리 이어 보세요.

(1) 7의 8배   •   •   7×3

(2) 4씩 7묶음   •   •   7×8

(3) 7+7+7   •   •   4×7

11 빈칸에 알맞게 곱셈식을 쓰세요.

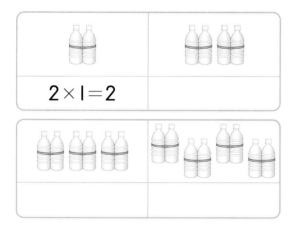

12 머리핀의 수는 거울의 수의 몇 배일까요?

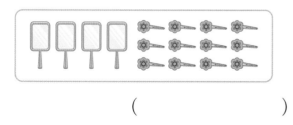

(   )

13 지영이의 막대 길이가 예원이의 막대 길이의 **3**배가 되도록 색칠해 보세요.

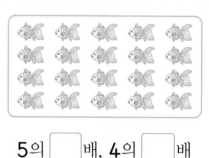

14 금붕어의 수를 몇의 몇 배로 나타내세요.

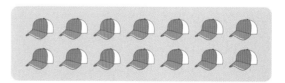

5의 $\boxed{}$ 배, 4의 $\boxed{}$ 배

15 모자의 수를 바르게 센 사람의 이름을 쓰세요.

지웅: 모자는 2씩 7묶음이므로 14개입니다.

정민: 4씩 뛰어 세면 4, 8, 12, 16으로 16개입니다.

현호: 5씩 묶어 세면 5, 10, 15로 15개입니다.

(   )

16 두 가지 곱셈식으로 나타내어 인형은 모두 몇 개인지 구하세요.

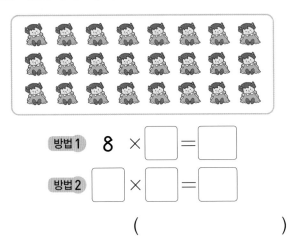

방법 1   8 × □ = □

방법 2   □ × □ = □

(   )

17 우성이의 나이는 7살입니다. 어머니의 나이는 우성이 나이의 5배입니다. 어머니의 나이는 몇 살일까요?

(   )

18 가장 큰 수를 나타내는 것부터 차례로 기호를 쓰세요.

> ㉠ 4와 8의 곱
> ㉡ 4 × 9
> ㉢ 5의 6배

(   )

서술형

19 보라색 막대의 길이는 초록색 막대의 길이의 몇 배인지 설명해 보세요.

9 cm
27 cm

설명

20 하루에 턱걸이를 7번씩 하는 계획을 세우고, 계획을 실천한 날에 ○표 했습니다. 실천한 날에 턱걸이를 모두 몇 번 했는지 풀이 과정을 쓰고, 답을 구하세요.

월	화	수	목	금
○			○	

풀이

답 _____

창의력 쑥쑥

어떤 단어를 그림으로 표현한 것이에요.

알쏭달쏭하지요?

차근차근 생각해 보고 어떤 단어인지 맞혀 보세요.

조개가 가위바위보를 하고 있어!

보 | 조 | 개

정답은 개념책 152쪽에서 확인하세요.

01 수 모형에 맞게 ☐ 안에 알맞은 수를 써넣고, 나타내는 수를 쓰세요.

1단원 | 개념 ①

백 모형	십 모형	일 모형
☐ 개	☐ 개	☐ 개

(   )

02 원을 모두 찾아 기호를 쓰세요.

2단원 | 개념 ②

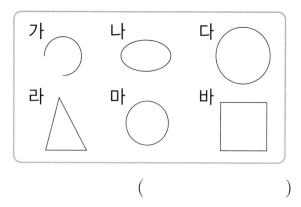

(   )

03 우산의 길이는 붓과 연필로 각각 몇 번일까요?

4단원 | 개념 ①

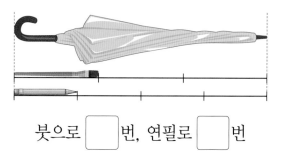

붓으로 ☐ 번, 연필로 ☐ 번

04 분류 기준이 될 수 있는 것에 ◯표, 될 수 없는 것에 ✕표 하세요.

5단원 | 개념 ①

• 과일인 것과 과일이 아닌 것 (   )

• 맛있는 것과 맛없는 것 (   )

05 계산해 보세요.

3단원 | 개념 ⑥

$83 - 17$

06 우표는 모두 몇 장인지 묶어 세어 보세요.

6단원 | 개념 ①

5씩 ☐ 묶음이므로

모두 ☐ 장입니다.

2단원 | 개념 ❶

07 삼각형과 사각형을 각각 1개씩 그려 보세요.

4단원 | 개념 ❷

08 주어진 길이만큼 점선을 따라 선을 그어 보세요.

6 cm

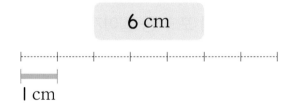

1 cm

4단원 | 개념 ❹

09 물건의 실제 길이에 가장 가까운 것을 찾아 이어 보세요.

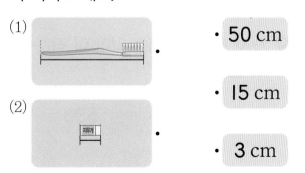

(1) · 50 cm

· 15 cm

(2) · 3 cm

2단원 | 개념 ❹

10 쌓기나무 5개로 만든 모양을 찾아 기호를 쓰세요.

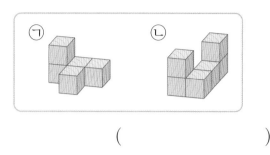

( )

[11~12] 지웅이네 반 학생들이 소풍 가고 싶은 장소를 조사하였습니다. 물음에 답하세요.

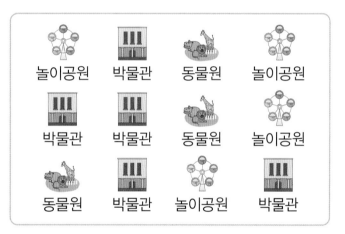

놀이공원	박물관	동물원	놀이공원
박물관	박물관	동물원	놀이공원
동물원	박물관	놀이공원	박물관

단원
총정리

5단원 | 개념 ❸

11 가고 싶은 장소에 따라 분류하고 그 수를 세어 보세요.

장소	놀이공원	박물관	동물원
세면서 표시하기			
학생 수(명)			

5단원 | 개념 ❸

12 가장 많은 학생이 소풍 가고 싶은 장소는 어디일까요?

( )

1단원 | 개념 ④

13 뛰어 센 규칙을 찾아 빈칸에 알맞은 수를 써넣고, ☐ 안에 알맞은 수를 써넣으세요.

| 285 | 385 | 485 | | |

→ ☐ 씩 뛰어 세었습니다.

1단원 | 개념 ⑤

14 사과나무는 219그루, 귤나무는 254그루가 있습니다. 사과나무와 귤나무 중 더 많은 것은 무엇일까요?

( )

3단원 | 개념 ⑧

15 덧셈식을 뺄셈식으로 나타내세요.

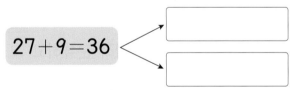

27+9=36

6단원 | 개념 ③

16 한 반에 피자를 4판씩 주려고 합니다. 모두 7반에 나누어 주려면 피자는 몇 판 준비해야 할까요?

곱셈식 _____

4 × ☐ = ☐

( )

6단원 | 개념 ③

17 문어의 다리는 8개입니다. 문어 4마리의 다리는 모두 몇 개인지 덧셈식과 곱셈식으로 나타내세요.

덧셈식 _____

곱셈식 _____

4단원 | 개념 ③

18 숟가락과 포크 중 길이가 더 긴 것은 어느 것일까요?

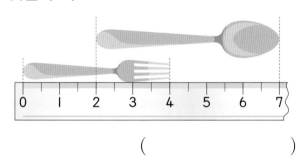

( )

1단원 | 개념 ③

19 숫자 6이 나타내는 값이 더 작은 수를 찾아 쓰세요.

| 165 | 536 |

( )

3단원 | 개념 ⑦

20 창고에 옷 상자 **52**개가 있었습니다. 창고에서 옷 상자 **26**개를 꺼내고, **18**개를 다시 넣었습니다. 창고에 남아있는 옷 상자는 몇 개일까요?

( )

6단원 | 개념 ❷

21 친구들이 사용한 쌓기나무의 수는 민제가 사용한 쌓기나무 수의 몇 배일까요?

민제

은성 ☐ 배

인아 ☐ 배

1단원 | 개념 ❸

22 ㉠, ㉡, ㉢에 알맞은 수를 각각 구하세요.

- **300**은 **100**이 ㉠개인 수입니다.
- **856**에서 백의 자리 숫자는 ㉡입니다.
- **274**는 **100**이 **2**개, **10**이 ㉢개, **1**이 **4**개인 수입니다.

㉠ ( )

㉡ ( )

㉢ ( )

5단원 | 개념 ❷

23 〈 보기 〉의 기준을 만족하는 카드는 모두 몇 장일까요?

〈 보기 〉

모양이 **2**개 그려져 있고, 빨간색입니다.

( )

2단원 | 개념 ❶

24 크고 작은 사각형은 모두 몇 개인지 구하세요.

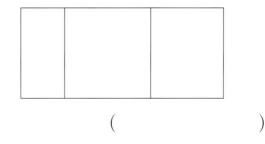

( )

3단원 | 개념 ❸

25 ☐ 안에 알맞은 수를 써넣으세요.

$$\begin{array}{r} \boxed{}\ 9 \\ +\ 8\ 7 \\ \hline 1\ 4\ \boxed{} \end{array}$$

창의력 쑥쑥 정답

029쪽

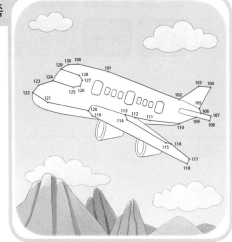

051쪽

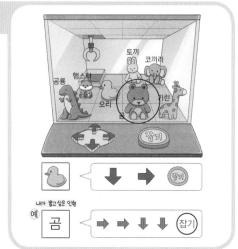

085쪽

109쪽

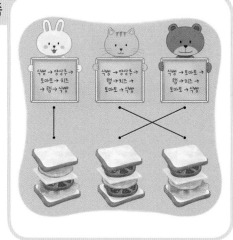

127쪽

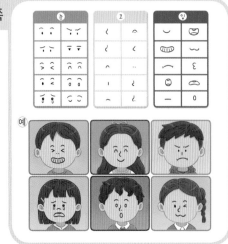

147쪽

동아출판
초등 무료
스마트러닝

동아출판 초등 **무료 스마트러닝**으로
초등 전 과목 · 전 영역을 쉽고 재미있게!

백점수학 5-1 동영상 학습

개념 강의, 문제풀이 전략 강의

과목별 · 영역별 특화 강의

전 과목 개념 강의

국어 독해 지문 분석 강의

구구단 송

그림으로 이해하는 비주얼씽킹 강의

과학 실험 동영상 강의

과목별 문제 풀이 강의

서비스 제공 교재 동아전과 | 백점 시리즈 | 큐브 | 빠작 초등 국어 | 초능력 | 초고필 | 하이탑 초등 과학

동아출판

기초력 더하기 | 수학익힘 다잡기

큐브 개념

초등 수학

2·1

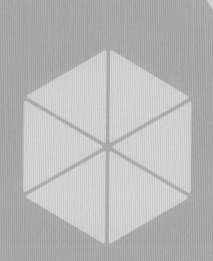

기본 강화책

기초력 더하기 | 수학익힘 다잡기

동아출판

기본 강화책

[1~4] 그림을 보고 ☐ 안에 알맞은 수를 써넣으세요.

1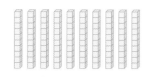

10이 10개인 수 → ☐

2

100이 4개인 수 → ☐

3

100이 5개인 수 → ☐

4

100이 9개인 수 → ☐

[5~10] ☐ 안에 알맞은 수를 써넣으세요.

5 100이 3개이면 ☐ 입니다.

6 100이 7개이면 ☐ 입니다.

7 100이 ☐ 개이면 600입니다.

8 100이 ☐ 개이면 800입니다.

9 100이 ☐ 개이면 200입니다.

10 100이 ☐ 개이면 500입니다.

[11~14] 수를 바르게 읽은 것에 ◯표 하세요.

11 100 | 백 | 십

12 700 | 칠백 | 일곱백

13 900 | 구영영 | 구백

14 400 | 백사 | 사백

[1~2] 수 모형이 나타내는 수를 ☐ 안에 써넣으세요.

1
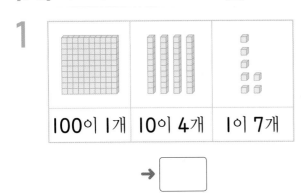

| 100이 1개 | 10이 4개 | 1이 7개 |

→ ☐

2
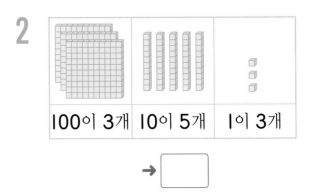

| 100이 3개 | 10이 5개 | 1이 3개 |

→ ☐

[3~6] ☐ 안에 알맞은 수를 써넣으세요.

3
100이 8개 ┐
10이 5개 ┤ 이면 ☐
1이 4개 ┘

4
100이 5개 ┐
10이 4개 ┤ 이면 ☐
1이 0개 ┘

5
100이 6개 ┐
10이 0개 ┤ 이면 ☐
1이 5개 ┘

6
100이 2개 ┐
10이 9개 ┤ 이면 ☐
1이 6개 ┘

[7~10] 수를 바르게 읽은 것에 ◯표 하세요.

7
281

이팔일   이백팔십일

8
870

팔백칠십   팔백칠

9
304

삼사백   삼백사

10
721

일곱백둘하나   칠백이십일

개념책 012쪽 ● 정답 34쪽

[1~4] ☐ 안에 알맞은 수를 써넣으세요.

1
465는
- 100이 ☐ 개
- 10이 ☐ 개
- 1이 ☐ 개

→ 465 = ☐ + 60 + ☐

2
218은
- 100이 ☐ 개
- 10이 ☐ 개
- 1이 ☐ 개

→ 218 = ☐ + ☐ + 8

3
701은
- 100이 ☐ 개
- 10이 ☐ 개
- 1이 ☐ 개

→ 701 = ☐ + 0 + ☐

4
529는
- 100이 ☐ 개
- 10이 ☐ 개
- 1이 ☐ 개

→ 529 = 500 + ☐ + ☐

[5~10] 밑줄 친 숫자는 어느 자리 숫자이고, 얼마를 나타내는지 쓰세요.

5

3<u>2</u>8
- ☐ 의 자리 숫자
- 나타내는 수: ☐

6

<u>5</u>14
- ☐ 의 자리 숫자
- 나타내는 수: ☐

7
40<u>6</u>
- ☐ 의 자리 숫자
- 나타내는 수: ☐

8
<u>6</u>81
- ☐ 의 자리 숫자
- 나타내는 수: ☐

9
2<u>7</u>4
- ☐ 의 자리 숫자
- 나타내는 수: ☐

10
79<u>1</u>
- ☐ 의 자리 숫자
- 나타내는 수: ☐

[1~3] 100씩 뛰어 세어 보세요.

1 192 — 292 — ☐ — ☐ — ☐ — 692

2 249 — 349 — ☐ — ☐ — ☐ — ☐

3 365 — ☐ — ☐ — ☐ — 765 — ☐

[4~6] 10씩 뛰어 세어 보세요.

4 235 — 245 — ☐ — 265 — ☐ — ☐ — ☐ — ☐

5 691 — 701 — ☐ — 721 — ☐ — 741 — ☐ — ☐

6 473 — 483 — ☐ — ☐ — ☐ — ☐ — ☐ — ☐

[7~9] 1씩 뛰어 세어 보세요.

7 317 — 318 — ☐ — ☐ — 321 — 322 — ☐ — ☐

8 785 — 786 — ☐ — 788 — 789 — ☐ — ☐

9 993 — ☐ — 995 — ☐ — 997 — ☐ — ☐

개념책 020쪽 ● 정답 34쪽

[1~4] 빈칸에 알맞은 수를 쓰고, 두 수의 크기를 비교하여 ◯ 안에 > 또는 < 를 알맞게 써넣으세요.

1

	백의 자리	십의 자리	일의 자리
152 →	1	5	
156 →	1	5	

152 ◯ 156

2

	백의 자리	십의 자리	일의 자리
367 →	3		7
344 →	3		4

367 ◯ 344

3

	백의 자리	십의 자리	일의 자리
915 →		1	5
729 →		2	9

915 ◯ 729

4

	백의 자리	십의 자리	일의 자리
628 →	6		
593 →			

628 ◯ 593

[5~13] 두 수의 크기를 비교하여 ◯ 안에 > 또는 < 를 알맞게 써넣으세요.

5 613 ◯ 598

6 930 ◯ 903

7 134 ◯ 135

8 747 ◯ 772

9 888 ◯ 879

10 415 ◯ 379

11 261 ◯ 263

12 399 ◯ 400

13 597 ◯ 592

1 ☐ 안에 알맞은 수를 써넣으세요.

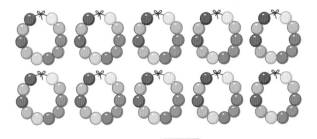

10개씩 묶음이 ☐ 개이므로

☐ 입니다.

[2~3] ☐ 안에 알맞은 수를 써넣으세요.

2

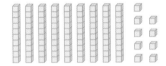

십 모형	일 모형
☐ 개	☐ 개	→ ☐

3

십 모형	일 모형
☐ 개	☐ 개	→ ☐

4 ☐ 안에 알맞은 수를 써넣으세요.

94　95　☐　97　98　☐

☐

교과역량 콕!

5 ☐ 안에 알맞은 수를 써넣으세요.

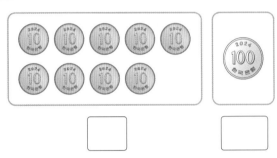

☐　☐

90보다 ☐ 만큼 더 큰 수는 100이고,

100보다 10만큼 더 작은 수는 ☐ 입니다.

교과역량 콕!

6 색종이가 100장이 되도록 선으로 묶어 보세요.

1 ☐ 안에 알맞은 수를 써넣으세요.

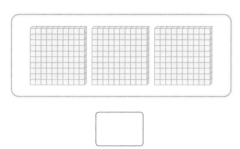

☐

2 모두 얼마인지 ☐ 안에 알맞은 수를 써넣으세요.

☐ 원

3 ☐ 안에 알맞은 수를 쓰고, 같은 것끼리 이어 보세요.

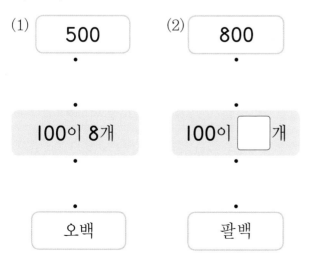

(1) 500

100이 8개

오백

(2) 800

100이 ☐개

팔백

4 〈보기〉에서 알맞은 수를 찾아 ☐ 안에 써넣으세요.

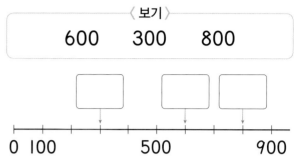

〈보기〉
600　300　800

☐　☐　☐

0　100　500　900

교과역량 콕!

5 수 모형을 보고 알맞은 것에 ◯표 하세요.

400보다 작습니다.　(　　)

500보다 큽니다.　(　　)

400보다 크고
500보다 작습니다.　(　　)

교과역량 콕!

6 색칠한 칸의 수와 더 가까운 수에 ◯표 하세요.

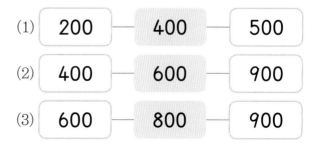

(1) 200 — 400 — 500

(2) 400 — 600 — 900

(3) 600 — 800 — 900

개념책 015쪽 ● 정답 35쪽

1 수 모형을 보고 ☐ 안에 알맞은 수나 말을 써넣으세요.

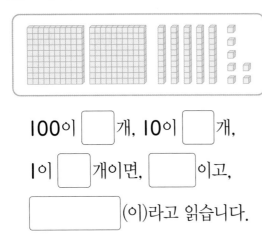

100이 ☐ 개, 10이 ☐ 개,

1이 ☐ 개이면, ☐ 이고,

☐ (이)라고 읽습니다.

2 수를 바르게 읽은 것을 찾아 이어 보세요.

(1) **385** •   • 팔백삼십오

(2) **538** •   • 오백삼십팔

(3) **835** •   • 삼백팔십오

3 사탕은 모두 몇 개인지 쓰세요.

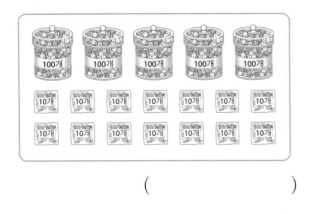

(   )

[4~5] **학교에서 모은 칭찬 도장으로 나눔 장터에서 다음과 같은 물건을 살 수 있습니다. 물음에 답하세요.**

바지	티셔츠	모자	머리핀
도장 200개	도장 100개	도장 10개	도장 1개

교과역량 콕!

4 물건을 사는 데 필요한 도장의 수만큼 ⑩⑩, ⑩, ① 을 그리고 수를 쓰세요.

사고 싶은 물건	도장	필요한 도장의 수 (개)
	⑩⑩ ⑩⑩ ⑩ ①	211

교과역량 콕!

5 진주가 나눔 장터에 다녀와서 쓴 일기입니다. 일기를 완성해 보세요.

○월 ○일 ○요일	날씨	☀ ☁ 🌧 🌨

나눔 장터에서 티셔츠 3벌, 모자 2개를 칭찬 도장 ☐ 개로 사서 기분이 참 좋았다.

개념책 016쪽 ● 정답 35쪽

1 437만큼 색칠하고 ☐ 안에 알맞은 수를 써넣으세요.

100 100 100 100 100
100 100 100 100 100
10 10 10 10 10 10 10 10 10 10
1 1 1 1 1 1 1 1 1 1

437 = ☐ + ☐ + ☐

2 ☐ 안에 알맞은 수를 써넣으세요.

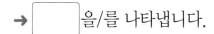

639

백의 자리 숫자: ☐
→ ☐ 을/를 나타냅니다.
십의 자리 숫자: ☐
→ ☐ 을/를 나타냅니다.
일의 자리 숫자: ☐
→ ☐ 을/를 나타냅니다.

3 리아가 만든 수를 쓰세요.

리아

내가 만든 수는
100이 5개인 세 자리 수야.
십의 자리 숫자는 20을 나타내고,
368과 일의 자리 숫자는 똑같아.

( )

교과역량 콕!

4 밑줄 친 숫자가 얼마를 나타내는지 수 모형에서 찾아 ◯표 하세요.

255

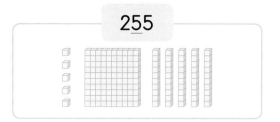

교과역량 콕!

[5~7] 수 배열표를 보고 물음에 답하세요.

491	492	493	494	495	496	497
501	502	503	504	505	506	507
511	512	513	514	515	516	517

5 십의 자리 숫자가 0인 수를 모두 찾아 파란색으로 색칠해 보세요.

6 일의 자리 숫자가 5인 수를 모두 찾아 보라색으로 색칠해 보세요.

7 두 가지 색이 모두 칠해진 수를 찾아 쓰고 읽어 보세요.

쓰기 ( )

읽기 ( )

1 100씩 뛰어 세어 보세요.

| 320 | 420 | 520 | | | |

2 1씩 뛰어 세어 보세요.

| 796 | | 798 | 799 | | |

3 10씩 뛰어 세어 보세요.

| 570 | 580 | | | | 620 |

4 빈칸에 알맞은 수를 써넣고, 규칙을 찾아 ☐ 안에 알맞은 수를 써넣으세요.

(1) | 285 | 295 | 305 | | |

→ ☐ 씩 뛰어 세었습니다.

(2) | 296 | | 298 | 299 | |

→ ☐ 씩 뛰어 세었습니다.

[5-6] 준서와 연우가 나눈 대화를 읽고 물음에 답하세요.

- 준서: 500에서 출발해서 1씩 뛰어 세었어.
- 연우: 950에서 출발해서 100씩 거꾸로 뛰어 세었어.

5 준서의 방법으로 뛰어 세어 보세요.

| 500 | | | | |

6 연우의 방법으로 뛰어 세어 보세요.

| 950 | | | | |

교과역량 콕!

7 수 배열표에서 수에 해당하는 글자를 찾아 써넣고 낱말을 만들어 보세요.

401	402	403	404		406	
411	ㅂ	413	414	415		ㅏ
	422	423		ㅅ	426	
ㅘ			434		ㅐ	437
441	442	443	444	445	446	447
451	452		ㄱ	455		457
461	ㅜ	463		465	ㅇ	

425	462	412	417	454
↓	↓	↓	↓	↓

(   )

개념책 023쪽 ● 정답 36쪽

1 빈칸에 알맞은 수를 쓰고, 두 수의 크기를 비교하여 ◯ 안에 > 또는 <를 알맞게 써넣으세요.

	백의 자리	십의 자리	일의 자리
365 →	3		
328 →	3		

365 ◯ 328

2 수의 크기를 비교하여 가장 작은 수에는 빨간색, 가장 큰 수에는 파란색을 칠해 보세요.

643	721

725

3 ☐ 안에 들어갈 수 있는 수를 모두 찾아 ◯표 하세요.

53☐ > 536

I 2 3 4 5
6 7 8 9

4 수 카드를 한 번씩만 사용하여 ☐ 안에 알맞은 수를 써넣으세요.

738 < ☐

728 < ☐

748 < ☐

교과역량 콕!

5 수 카드를 한 번씩만 사용하여 세 자리 수를 만들려고 합니다. 가장 큰 수와 가장 작은 수를 구하세요.

9 3 5

가장 큰 수 (   )

가장 작은 수 (   )

교과역량 콕!

6 어떤 수인지 쓰세요.

- 어떤 수는 세 자리 수입니다.
- 백의 자리 수는 6보다 크고 8보다 작은 수를 나타냅니다.
- 십의 자리 수는 50을 나타냅니다.
- 일의 자리 수는 7보다 큰 홀수를 나타냅니다.

(   )

[1~9] 삼각형이면 △표, 사각형이면 □표, 원이면 ○표 하세요.

1
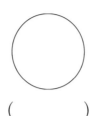
(   )

2
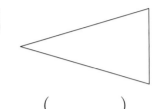
(   )

3
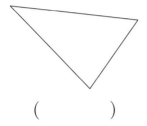
(   )

4

(   )

5
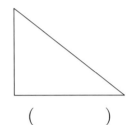
(   )

6
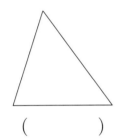
(   )

7
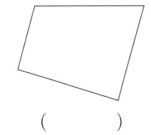
(   )

8
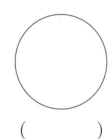
(   )

9
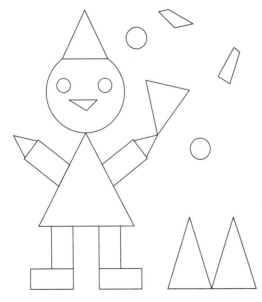
(   )

[10~11] 주어진 도형을 모두 찾아 색칠해 보세요.

10 삼각형을 모두 찾아 색칠해 보세요.

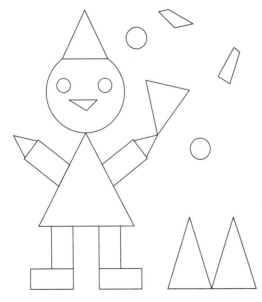

11 사각형을 모두 찾아 색칠해 보세요.

[1~3] 삼각형을 완성해 보세요.

1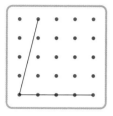

2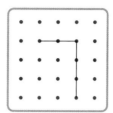

3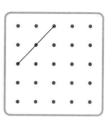

[4~6] 사각형을 완성해 보세요.

4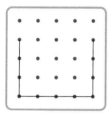

5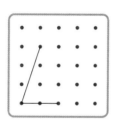

6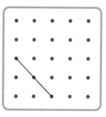

[7~12] 도형을 그려 보세요.

7 삼각형

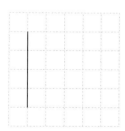

8 사각형

9 사각형

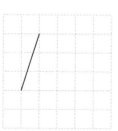

10 삼각형

11 사각형

12 삼각형

[1~6] 똑같은 모양으로 쌓으려면 쌓기나무가 몇 개 필요한지 ☐ 안에 써넣으세요.

1 ☐개

2 ☐개

3 ☐개

4 ☐개

5 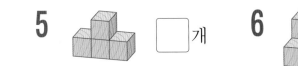 ☐개

6 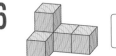 ☐개

[7~12] 다음에서 설명하는 쌓기나무를 찾아 ◯표 하세요.

7 빨간색 쌓기나무의 왼쪽에 있는 쌓기나무

8 빨간색 쌓기나무의 오른쪽에 있는 쌓기나무

9 빨간색 쌓기나무의 앞에 있는 쌓기나무

10 빨간색 쌓기나무의 왼쪽에 있는 쌓기나무

11 빨간색 쌓기나무의 위에 있는 쌓기나무

12 빨간색 쌓기나무의 앞에 있는 쌓기나무

개념책 036쪽 ● 정답 37쪽

1 삼각형을 모두 찾아 선을 따라 그려 보세요.

(1)
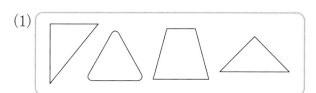

(2)
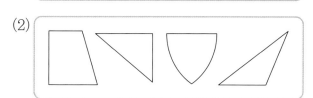

2 □ 안에 알맞은 말을 써넣고 빈칸에 알맞은 수를 써넣으세요.

(1)
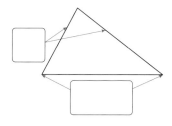

변의 수(개)	꼭짓점의 수(개)

(2)
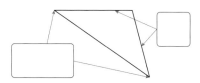

변의 수(개)	꼭짓점의 수(개)

3 삼각형을 완성해 보세요.

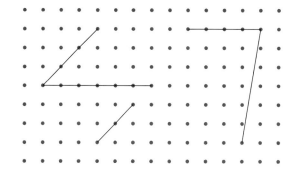

4 삼각형을 모두 찾아 색칠해 보세요.

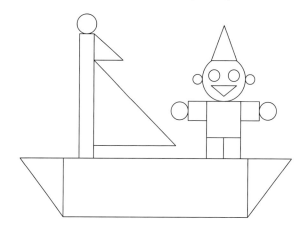

교과역량 콕!

5 삼각형으로 바닷속 풍경을 꾸며 보세요.

1 사각형을 모두 찾아 선을 따라 그려 보세요.

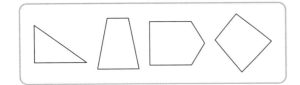

2 □ 안에 알맞은 말을 써넣고 빈칸에 알맞은 수를 써넣으세요.

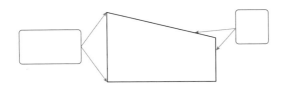

변의 수(개)	꼭짓점의 수(개)

3 사각형을 완성해 보세요.

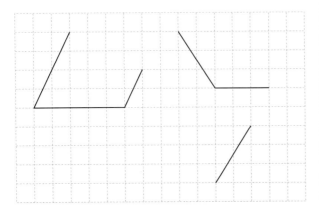

4 사각형을 모두 찾아 색칠해 보세요.

(1)

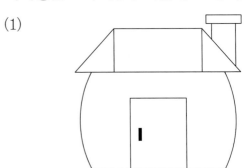

(2)

교과역량 쑥!

5 그림을 삼각형과 사각형으로 나누어 보세요.

삼각형 [　]개, 사각형 [　]개

개념책 037쪽 ● 정답 38쪽

1 원을 모두 찾아 선을 따라 그려 보세요.

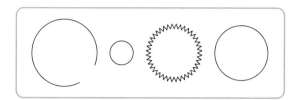

2 원에 대해 바르게 말한 사람을 모두 찾아 ○표 하세요.

3 주변의 물건이나 모양 자를 이용하여 크기가 다른 원을 **2**개 그려 보세요.

교과역량 콕!

4 삼각형, 사각형, 원을 이용하여 집 모양을 꾸며 보세요.

교과역량 콕!

5 자동차 바퀴가 사각형과 원이라면 어떻게 될지 설명해 보세요.

설명

개념책 042쪽 ● 정답 38쪽

1 칠교 조각이 삼각형이면 노란색, 사각형이면 초록색으로 색칠하고, 삼각형과 사각형이 각각 몇 개인지 세어 보세요.

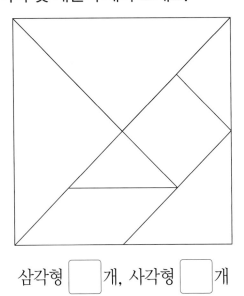

삼각형 ☐ 개, 사각형 ☐ 개

2 칠교 조각에 대해 바르게 말한 사람을 모두 찾아 ◯표 하세요.

칠교 조각에는 삼각형과 사각형이 있어.

칠교 조각 중 삼각형은 **4**개 있어.

( ) ( )

칠교 조각 중 크기가 가장 큰 조각은 사각형이야.

칠교 조각 중 삼각형이 사각형보다 더 많아.

( ) ( )

교과역량 **콕!**

3 칠교 조각을 이용하여 모양을 만들어 보세요.

〈 보기 〉

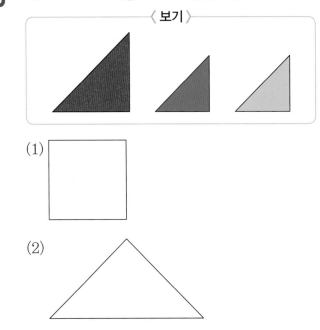

(1)

(2)

교과역량 **콕!**

4 〈보기〉와 같이 칠교 조각을 이용하여 동물 모양을 만들어 보세요.

〈 보기 〉

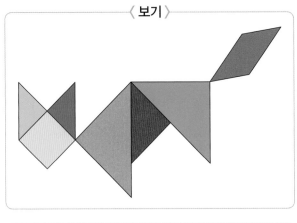

개념책 043쪽 • 정답 38쪽

1 미나와 현우가 쌓기나무로 높이 쌓기 놀이를 하고 있습니다. 누가 더 높이 쌓을 수 있을까요? 왜 그렇게 생각하는지 설명해 보세요.

(   )

설명 ＿＿＿＿＿＿＿＿＿＿＿＿＿＿＿＿

＿＿＿＿＿＿＿＿＿＿＿＿＿＿＿＿＿＿

＿＿＿＿＿＿＿＿＿＿＿＿＿＿＿＿＿＿

[2~3] 친구들이 설명하는 쌓기나무를 찾아 ◯표 하세요.

2

빨간색 쌓기나무의 왼쪽에 있는 쌓기나무

3

빨간색 쌓기나무의 뒤에 있는 쌓기나무

4 쌓기나무로 쌓은 모양에 대한 설명입니다. ☐ 안에 알맞은 수나 말을 써넣으세요.

빨간색 쌓기나무가 1개 있고, 그 ☐ 에 쌓기나무가 1개 있습니다. 그리고 빨간색 쌓기나무 위에 쌓기나무가 ☐ 개 있습니다.

교과역량 콕!

5 로봇에게 "정리해."라고 말하면 명령대로 쌓기나무를 정리합니다. 다음 모양으로 정리하려고 할 때 〈보기〉에서 필요한 명령어를 모두 찾아 기호를 쓰세요.

▶ "정리해"라고 말할 때

빨간색 쌓기나무 놓기

〈보기〉

㉠ 빨간색 쌓기나무 앞에 쌓기나무 1개 놓기

㉡ 빨간색 쌓기나무 위에 쌓기나무 1개 놓기

㉢ 빨간색 쌓기나무 오른쪽에 쌓기나무 1개 놓기

㉣ 빨간색 쌓기나무 왼쪽에 쌓기나무 1개 놓기

(   )

1 설명대로 쌓은 모양을 〈보기〉에서 찾아 기호를 쓰세요.

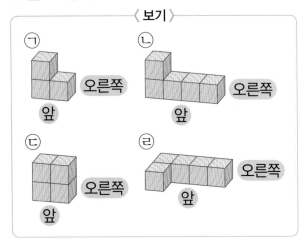

(1)
쌓기나무가 2개씩 2층으로 있습니다.

(   )

(2)
쌓기나무 4개가 1층에 옆으로 나란히 있고, 맨 왼쪽 쌓기나무 앞에 1개가 있습니다.

(   )

2 왼쪽 모양에서 쌓기나무 1개를 옮겨 오른쪽과 똑같은 모양을 만들려고 합니다. 옮겨야 할 쌓기나무에 ◯표 하세요.

(1)

(2)

3 쌓기나무 5개로 쌓은 모양을 친구들에게 설명하고 있습니다. 틀린 부분을 모두 찾아 바르게 고쳐 보세요.

(1)
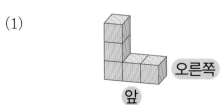

1층에 쌓기나무 3개를 옆으로 나란히 놓았어.
그리고 가운데 쌓기나무의 앞에 2개가 있어.

(2)
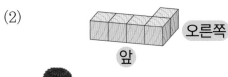

1층에 쌓기나무 4개를 옆으로 나란히 놓았어. 그리고 맨 왼쪽 쌓기나무의 앞에 1개가 있어.

교과역량 쿡!

4 쌓기나무를 이용하여 곤충 모양을 만들고, 어떻게 만들었는지 설명해 보세요.

설명

[1~9] **계산해 보세요.**

1
```
    2 8
  +   4
  ─────
```

2
```
    7 4
  +   7
  ─────
```

3
```
    3 6
  +   5
  ─────
```

4
```
    2 3
  +   7
  ─────
```

5
```
    4 5
  +   8
  ─────
```

6
```
    5 9
  +   3
  ─────
```

7
```
    3 9
  +   9
  ─────
```

8
```
    6 7
  +   6
  ─────
```

9
```
    7 8
  +   6
  ─────
```

[10~21] **계산해 보세요.**

10 39+6

11 55+7

12 26+8

13 19+7

14 49+5

15 78+9

16 67+8

17 86+7

18 89+2

19 36+7

20 73+9

21 68+5

개념책 056쪽 ● 정답 39쪽

[1~9] 계산해 보세요.

1
```
    3 9
  + 2 4
```

2
```
    1 7
  + 4 5
```

3
```
    6 7
  + 2 6
```

4
```
    5 6
  + 2 9
```

5
```
    5 5
  + 1 6
```

6
```
    4 8
  + 3 2
```

7
```
    2 7
  + 6 7
```

8
```
    3 8
  + 5 3
```

9
```
    1 9
  + 7 2
```

[10~21] 계산해 보세요.

10   23+59

11   37+46

12   25+36

13   46+19

14   58+34

15   28+45

16   66+26

17   31+59

18   79+15

19   74+17

20   48+39

21   63+28

[1~9] 계산해 보세요.

$$
1 \quad \begin{array}{r} 8\ 1 \\ +\ 4\ 7 \\ \hline \end{array}
$$

$$
2 \quad \begin{array}{r} 5\ 8 \\ +\ 4\ 9 \\ \hline \end{array}
$$

$$
3 \quad \begin{array}{r} 5\ 3 \\ +\ 9\ 8 \\ \hline \end{array}
$$

$$
4 \quad \begin{array}{r} 7\ 5 \\ +\ 5\ 4 \\ \hline \end{array}
$$

$$
5 \quad \begin{array}{r} 4\ 5 \\ +\ 6\ 6 \\ \hline \end{array}
$$

$$
6 \quad \begin{array}{r} 6\ 7 \\ +\ 3\ 6 \\ \hline \end{array}
$$

$$
7 \quad \begin{array}{r} 4\ 7 \\ +\ 6\ 8 \\ \hline \end{array}
$$

$$
8 \quad \begin{array}{r} 8\ 6 \\ +\ 5\ 6 \\ \hline \end{array}
$$

$$
9 \quad \begin{array}{r} 7\ 7 \\ +\ 4\ 6 \\ \hline \end{array}
$$

[10~21] 계산해 보세요.

10 26+77

11 74+41

12 43+59

13 65+72

14 58+46

15 53+61

16 85+25

17 39+82

18 54+87

19 38+81

20 65+38

21 46+78

[1~9] 계산해 보세요.

1
$$\begin{array}{r} 5\ 6 \\ -\ \ \ 9 \\ \hline \end{array}$$

2
$$\begin{array}{r} 6\ 1 \\ -\ \ \ 4 \\ \hline \end{array}$$

3
$$\begin{array}{r} 2\ 4 \\ -\ \ \ 5 \\ \hline \end{array}$$

4
$$\begin{array}{r} 8\ 1 \\ -\ \ \ 3 \\ \hline \end{array}$$

5
$$\begin{array}{r} 8\ 2 \\ -\ \ \ 6 \\ \hline \end{array}$$

6
$$\begin{array}{r} 4\ 5 \\ -\ \ \ 9 \\ \hline \end{array}$$

7
$$\begin{array}{r} 7\ 3 \\ -\ \ \ 8 \\ \hline \end{array}$$

8
$$\begin{array}{r} 3\ 2 \\ -\ \ \ 7 \\ \hline \end{array}$$

9
$$\begin{array}{r} 4\ 1 \\ -\ \ \ 2 \\ \hline \end{array}$$

[10~21] 계산해 보세요.

10 $23-4$

11 $35-7$

12 $71-8$

13 $46-9$

14 $52-6$

15 $36-8$

16 $61-6$

17 $83-5$

18 $92-3$

19 $52-3$

20 $75-9$

21 $64-5$

개념책 064쪽 ● 정답 39쪽

[1~9] 계산해 보세요.

1
$$\begin{array}{r} 3\ 0 \\ -\ 1\ 9 \\ \hline \end{array}$$

2
$$\begin{array}{r} 4\ 0 \\ -\ 2\ 4 \\ \hline \end{array}$$

3
$$\begin{array}{r} 5\ 0 \\ -\ 3\ 3 \\ \hline \end{array}$$

4
$$\begin{array}{r} 7\ 0 \\ -\ 5\ 6 \\ \hline \end{array}$$

5
$$\begin{array}{r} 9\ 0 \\ -\ 6\ 5 \\ \hline \end{array}$$

6
$$\begin{array}{r} 6\ 0 \\ -\ 3\ 8 \\ \hline \end{array}$$

7
$$\begin{array}{r} 8\ 0 \\ -\ 4\ 2 \\ \hline \end{array}$$

8
$$\begin{array}{r} 9\ 0 \\ -\ 2\ 3 \\ \hline \end{array}$$

9
$$\begin{array}{r} 6\ 0 \\ -\ 3\ 1 \\ \hline \end{array}$$

[10~21] 계산해 보세요.

10 $60-37$

11 $70-26$

12 $40-18$

13 $80-58$

14 $30-12$

15 $50-27$

16 $70-44$

17 $60-29$

18 $90-56$

19 $50-16$

20 $80-34$

21 $70-25$

[1~9] 계산해 보세요.

1
$$\begin{array}{r} 2\ 5 \\ -\ 1\ 6 \\ \hline \end{array}$$

2
$$\begin{array}{r} 6\ 4 \\ -\ 1\ 5 \\ \hline \end{array}$$

3
$$\begin{array}{r} 8\ 5 \\ -\ 5\ 8 \\ \hline \end{array}$$

4
$$\begin{array}{r} 7\ 1 \\ -\ 3\ 3 \\ \hline \end{array}$$

5
$$\begin{array}{r} 4\ 2 \\ -\ 1\ 9 \\ \hline \end{array}$$

6
$$\begin{array}{r} 7\ 5 \\ -\ 5\ 7 \\ \hline \end{array}$$

7
$$\begin{array}{r} 4\ 4 \\ -\ 2\ 8 \\ \hline \end{array}$$

8
$$\begin{array}{r} 6\ 2 \\ -\ 2\ 6 \\ \hline \end{array}$$

9
$$\begin{array}{r} 8\ 3 \\ -\ 3\ 5 \\ \hline \end{array}$$

[10~21] 계산해 보세요.

10 $84-67$

11 $55-38$

12 $71-52$

13 $43-29$

14 $93-65$

15 $76-28$

16 $82-36$

17 $68-19$

18 $94-48$

19 $52-13$

20 $75-38$

21 $67-49$

개념책 070쪽 ● 정답 40쪽

[1~6] 계산해 보세요.

1 $24+9+8=$ ☐

2 $80-7-8=$ ☐

3 $61-5+7=$ ☐

4 $35+16-17=$ ☐

5 $48+27-39=$ ☐

6 $83-35+9=$ ☐

[7~12] 계산해 보세요.

7 $75-19+26$

8 $56+27-15$

9 $17+29+5$

10 $31-17+48$

11 $43-15-9$

12 $59+14-24$

[1~2] 그림을 보고 덧셈식을 뺄셈식으로 나타내세요.

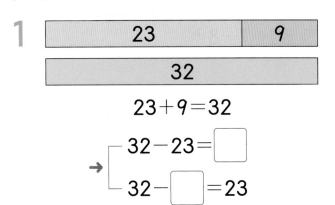

1

23	9
32	

$$23 + 9 = 32$$

→ $32 - 23 = \boxed{}$

$32 - \boxed{} = 23$

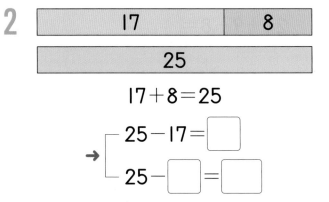

2

17	8
25	

$$17 + 8 = 25$$

→ $25 - 17 = \boxed{}$

$25 - \boxed{} = \boxed{}$

[3~4] 그림을 보고 뺄셈식을 덧셈식으로 나타내세요.

3

43	
28	15

$$43 - 28 = 15$$

→ $28 + 15 = \boxed{}$

$15 + \boxed{} = 43$

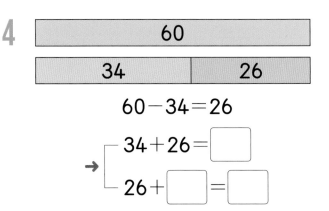

4

60	
34	26

$$60 - 34 = 26$$

→ $34 + 26 = \boxed{}$

$26 + \boxed{} = \boxed{}$

[5~8] 덧셈식을 뺄셈식으로, 뺄셈식을 덧셈식으로 나타내세요.

5    $45 + 27 = 72$

→ $\boxed{} - 45 = \boxed{}$

$72 - \boxed{} = \boxed{}$

6    $36 + 29 = 65$

→ $\boxed{} - \boxed{} = \boxed{}$

$65 - \boxed{} = 36$

7    $55 - 27 = 28$

→ $28 + \boxed{} = \boxed{}$

$\boxed{} + \boxed{} = \boxed{}$

8    $81 - 37 = 44$

→ $\boxed{} + 37 = \boxed{}$

$\boxed{} + \boxed{} = \boxed{}$

[1~2] □를 사용하여 그림에 알맞은 덧셈식을 만들고, □의 값을 구하세요.

1

| 31 | □ |

| 73 |

덧셈식 _____

□의 값 _____

2

| □ | 13 |

| 34 |

덧셈식 _____

□의 값 _____

[3~4] □를 사용하여 그림에 알맞은 뺄셈식을 만들고, □의 값을 구하세요.

3

| 58 |

| □ | 29 |

뺄셈식 _____

□의 값 _____

4

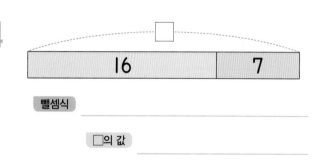

뺄셈식 _____

□의 값 _____

[5~12] □ 안에 알맞은 수를 써넣으세요.

5 38 + □ = 62

6 □ + 16 = 45

7 26 + □ = 33

8 □ + 28 = 42

9 81 − □ = 58

10 □ − 35 = 27

11 45 − □ = 29

12 □ − 24 = 19

개념책 060쪽 ● 정답 40쪽

1 연필은 모두 몇 자루인지 이어 세기로 구하세요.

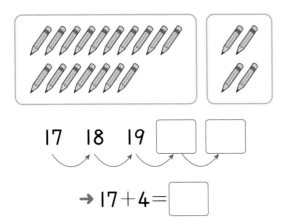

17 18 19 ☐ ☐

→ 17+4= ☐

2 26+5는 얼마인지 더하는 수 5만큼 △를 그려 구하세요.

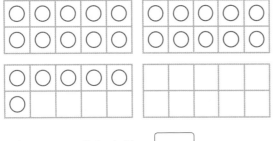

26+5= ☐

3 ☐ 안에 알맞은 수를 써넣으세요.

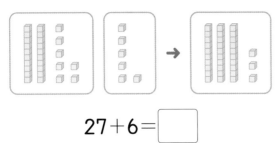

27+6= ☐

4 계산해 보세요.

(1) 14+8

(2) 7+29

5 두 수의 합이 더 큰 쪽에 ◯표 하세요.

48+6   8+45

교과역량 콕!

[6~7] **대화를 읽고, 물음에 답하세요.**

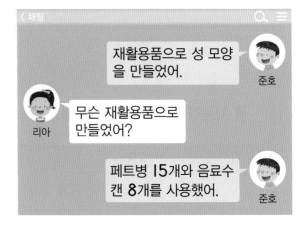

준호: 재활용품으로 성 모양을 만들었어.

리아: 무슨 재활용품으로 만들었어?

준호: 페트병 15개와 음료수 캔 8개를 사용했어.

6 준호가 사용한 재활용품은 모두 몇 개인지 구하세요.

(식) _____

(답) _____

7 나만의 덧셈 문제를 만들고 해결해 보세요.

〈 문제 〉

나는 재활용품인 페트병 ☐ 개와 음료수 캔 ☐ 개를 사용하여 _____ 을/를 만들고 싶습니다. 사용할 재활용품은 모두 몇 개일까요?

(식) _____

(답) _____

개념책 060쪽 ● 정답 41쪽

1 29+13을 여러 가지 방법으로 계산해 보세요.

방법1 13을 가르기하기

$$29+13 = 29 + \boxed{} + 3$$

10   3 $= \boxed{} + 3 = \boxed{}$

방법2 29를 가까운 30으로 바꾸어 구하기

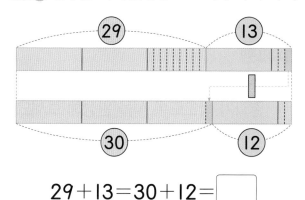

$$29+13=30+12=\boxed{}$$

방법3 29와 13을 가르기하기

$$29 + 13 = 20+10+9+\boxed{}$$

20   9   10   3 $=30+\boxed{} = \boxed{}$

2 계산해 보세요.

(1) 28+14

(2)
```
   1 9
 + 4 3
```

3 계산 결과가 같은 것끼리 이어 보세요.

39+13 ·   · 17+36

15+38 ·   · 33+19

4 할아버지 농장에서 수아는 고구마를 17개 캤고, 예지는 26개 캤습니다. 두 사람이 캔 고구마의 수는 모두 몇 개인지 구하세요.

식 _____

답 _____

교과역량 �콕!

[5~6] **아름이의 일기를 읽고, 물음에 답하세요.**

5 ☐ 안에 알맞은 수를 써넣어 아름이의 일기를 완성해 보세요.

| ○월 ○일 ○요일 | 날씨 | ☀ ☁ 🌧 🌨 |

나는 어제까지 폐건전지 **28**개를 모았고 친구는 **34**개를 모았다. 우리가 모은 폐건전지는 모두 ☐ 개였다. 폐건전지를 주민센터에 가지고 갔더니 다른 물건으로 바꾸어 주셨다.

6 분리배출한 경험을 생각하며 나의 일기를 완성해 보세요.

나는 재활용품인 _____ ☐ 개와 _____ ☐ 개를 모아 분리배출했다. 내가 분리배출을 한 재활용품은 모두 ☐ 개였다.

개념책 061쪽 ● 정답 41쪽

1 그림을 보고 덧셈을 해 보세요.

(1)

62+79= ☐

(2)
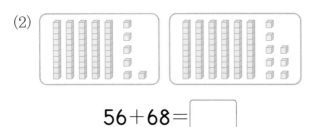

56+68= ☐

2 두 수의 합이 같은 것끼리 이어 징검다리를 건너려고 합니다. 건너갈 수 있는 다리를 그려 보세요.

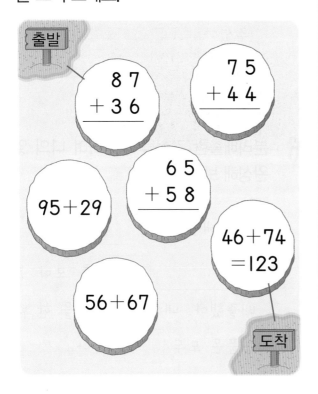

3 계산에서 잘못된 곳을 찾아 바르게 고쳐 보세요.

```
    7 6
  + 5 8
  ───────
  1 2 4
```
→
```
    7 6
  + 5 8
  ───────
```

교과역량 콕!

4 수 카드 중에서 2장을 골라 주어진 계산 결과가 나오도록 식을 완성해 보세요.

교과역량 콕!

5 수 카드 중에서 두 수를 이용하여 덧셈 문제를 만들어 해결해 보세요.

[76] [59] [84] [95]

[문제]

[식]

[답]

개념책 068쪽 ● 정답 41쪽

1 딸기 12개 중 5개를 먹었습니다. 남은 딸기는 몇 개인지 거꾸로 세기로 구하세요.

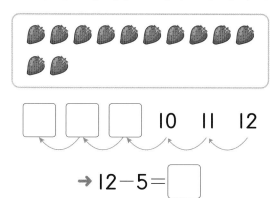

$\square$ $\square$ $\square$ 10 11 12

➔ 12 − 5 = $\square$

2 13 − 4는 얼마인지 빼는 수 4만큼 /으로 지워서 구하세요.

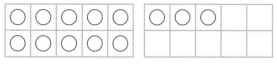

13 − 4 = $\square$

3 그림을 보고 $\square$ 안에 알맞은 수를 써넣으세요.

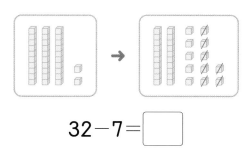

32 − 7 = $\square$

4 계산해 보세요.

(1) 22 − 8

(2) 53 − 7

5 화살 두 개를 던져 맞힌 두 수의 차가 14입니다. 맞힌 두 수에 ○표 하세요.

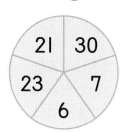

21 30
23   7
6

교과역량 쏙!

[6~7] 대화를 읽고, 물음에 답하세요.

나는 이번 달에 도서관을 24번 갔어.

나는 8번 갔어.

준호   연서

6 준호는 연서보다 도서관을 몇 번 더 갔는지 구해 보세요.

식 _____

답 _____

7 나만의 뺄셈 문제를 만들고 해결해 보세요.

〈 문제 〉

미나는 이번 달에 도서관을 22번, 나는 $\square$번 갔습니다. 미나와 나의 도서관에 간 횟수는 얼마나 차이날까요?

식 _____

답 _____

개념책 068쪽 ● 정답 42쪽

1 40−18을 여러 가지 방법으로 계산해 보세요.

방법1 18을 가르기하기

$$40-18 = 40-10-\boxed{}$$
$$\overset{\diagup\diagdown}{10 \quad 8} = 30-\boxed{} = \boxed{}$$

방법2 수를 다르게 나타내어 구하기

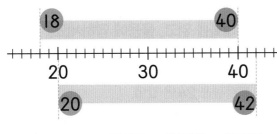

$$40-18 = \boxed{} - \boxed{} = \boxed{}$$

방법3 40과 18을 가르기하기

$$40 - 18 = \boxed{} + \boxed{}$$
$$\overset{\diagup\diagdown\qquad\diagup\diagdown}{30 \;\; 10 \;\; 10 \;\; 8} = \boxed{}$$

2 계산해 보세요.

(1) 50−24

(2)
```
    8 0
  − 3 6
```

3 계산 결과가 25보다 큰 것에 모두 색칠해 보세요.

| 50−18 | 60−43 | 80−54 |

4 어느 동물원에 긴꼬리원숭이는 30마리가 있고, 안경원숭이는 14마리가 있습니다. 이 동물원에는 안경원숭이보다 긴꼬리원숭이가 몇 마리 더 많은지 구하세요.

식 _____

답 _____

[5~6] **아현이의 일기를 보고, 물음에 답하세요.**

5 ☐ 안에 알맞은 수를 써넣어 아현이의 일기를 완성해 보세요.

| ○월 ○일 ○요일 | 날씨 | ☀ ☁ 🌧 🌧 |

나는 우리 반 독서대회에서 독서왕이 되기 위해 하루에 한 권씩 책을 읽기로 했다. 이번 달은 30일 중 11일을 실천하였고 ☐일은 실천하지 못하였다.

6 독서왕이 되기를 다짐하며 실천 일기를 완성해 보세요.

나는 30일 중 ☐일을 하루 한 권 책 읽기를 실천하려고 한다. 그러면 실천하지 못하는 날은 ☐일이 될 것이다.

개념책 069쪽 ● 정답 42쪽

1 그림을 보고 뺄셈을 해 보세요.

(1)
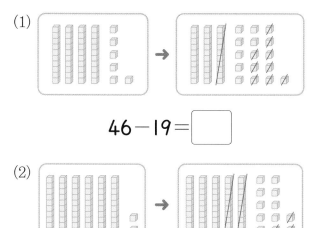

$$46-19=\boxed{}$$

(2)

$$62-23=\boxed{}$$

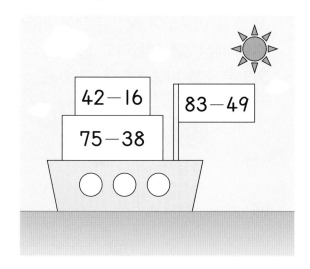

2 두 수의 차가 같은 것끼리 같은 색으로 칠해 보세요.

53 - 16

71 - 37

65 - 39

42 - 16   83 - 49

75 - 38

3 계산에서 잘못된 곳을 찾아 바르게 고쳐 보세요.

$$\begin{array}{r} 8\ 2 \\ -\ 3\ 8 \\ \hline 5\ 4 \end{array} \rightarrow \begin{array}{r} 8\ 2 \\ -\ 3\ 8 \\ \hline \end{array}$$

교과역량 콕!

4 수 카드 2장을 골라 두 자리 수를 만들어 71에서 빼려고 합니다. 계산 결과가 가장 큰 수가 되도록 뺄셈식을 쓰고 계산해 보세요.

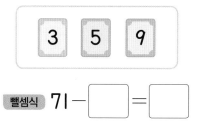

뺄셈식 $71-\boxed{}=\boxed{}$

교과역량 콕!

5 수 카드 중에서 두 수를 이용하여 뺄셈 문제를 만들어 해결해 보세요.

53   44   16   28

문제 _____

_____

_____

식 _____

답 _____

1 계산해 보세요.

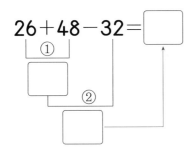

$$26 + 48 - 32 = \boxed{}$$

2 ■+▲를 구하세요.

$$38 + 17 - 14 = ■$$
$$38 - 14 + 17 = ▲$$

$$■ + ▲ = \boxed{}$$

3 출발에서 도착까지 가는 길을 선택하여 세 수를 계산해 보세요.

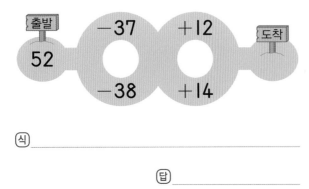

⟨식⟩ _____

⟨답⟩ _____

4 강당에 어린이가 **27**명 있었습니다. 어린이 **14**명이 더 강당에 들어왔고 **12**명이 교실로 돌아갔습니다. 강당에 남아 있는 어린이는 몇 명인지 구하세요.

⟨식⟩ _____

⟨답⟩ _____

교과역량 콕!
5 계산이 잘못된 까닭을 쓰고, 바르게 계산해 보세요.

$$60 - 13 + 17 = 30$$

⟨까닭⟩ _____

_____

교과역량 콕!
6 세 수를 이용하여 계산 결과가 가장 큰 세 수의 계산식을 만들려고 합니다. ○ 안에 알맞은 수를 써넣고 답을 구하세요.

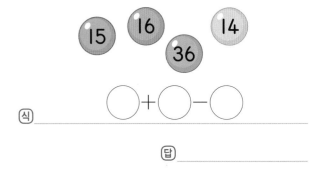

$$\bigcirc + \bigcirc - \bigcirc$$

⟨식⟩ _____

⟨답⟩ _____

개념책 077쪽 ● 정답 42쪽

1 그림을 보고 덧셈식과 뺄셈식으로 나타내세요.

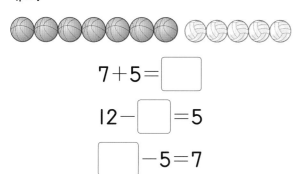

$$7+5=\boxed{}$$

$$12-\boxed{}=5$$

$$\boxed{}-5=7$$

2 덧셈식을 뺄셈식으로 나타내세요.

17	9

26	

$$17+9=26$$

$$\rightarrow \boxed{}-\boxed{}=\boxed{}$$

$$\boxed{}-\boxed{}=\boxed{}$$

3 뺄셈식을 덧셈식으로 나타내세요.

22	

14	8

$$22-14=8$$

$$\rightarrow \boxed{}+\boxed{}=\boxed{}$$

$$\boxed{}+\boxed{}=\boxed{}$$

4 ☐ 안에 알맞은 수를 써넣으세요.

(1) $\boxed{}-37=16$

$$\rightarrow 16+\boxed{}=53$$

$$37+\boxed{}=53$$

(2) $14+\boxed{}=21$

$$\rightarrow \boxed{}-14=7$$

$$21-7=\boxed{}$$

〈교과역량 쿡!〉
5 주사위의 세 수를 이용하여 뺄셈식을 만들고 덧셈식으로 나타내세요.

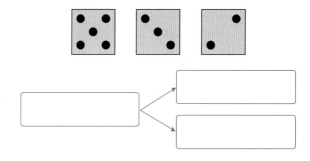

〈교과역량 쿡!〉
6 수 카드 세 장을 사용하여 덧셈식을 만들고, 덧셈식을 뺄셈식으로 나타내세요.

| 5 | 11 | 6 | 17 |

덧셈식 _____

뺄셈식 _____

→

뺄셈식 _____

1 다람쥐 9마리가 있었는데 몇 마리가 더 와서 15마리가 되었습니다. 더 온 다람쥐의 수를 □로 하여 덧셈식을 만들고, □의 값을 구하세요.

덧셈식 _____

□의 값 _____

2 원숭이 몇 마리가 있었는데 8마리가 더 와서 12마리가 되었습니다. 처음에 있던 원숭이의 수를 □로 하여 덧셈식을 만들고, □의 값을 구하세요.

덧셈식 _____

□의 값 _____

3 □를 사용하여 그림에 알맞은 덧셈식을 만들고, □의 값을 구하세요.

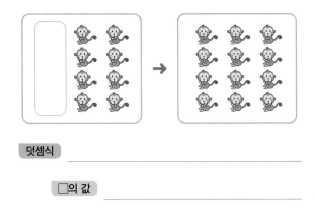

덧셈식 _____

□의 값 _____

4 □ 안에 들어갈 수가 같은 것끼리 이어 보세요.

$8+\square=15$ ・ ・ $\square+9=16$

$4+\square=13$ ・ ・ $\square+5=14$

교과역량 쏙!

5 그림을 보고 □를 사용하여 알맞은 덧셈식을 만들고, □의 값을 구하세요.

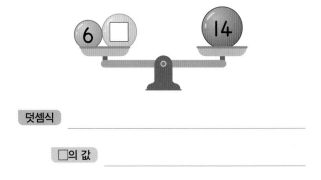

덧셈식 _____

□의 값 _____

교과역량 쏙!

6 선아의 나이는 7살이고 선아와 준서의 나이의 합은 16살입니다. 준서의 나이를 □로 하여 덧셈식을 만들고, □의 값을 구하세요.

덧셈식 _____

□의 값 _____

1 귤 9개가 있었는데 몇 개를 먹었더니 6개가 남았습니다. 먹은 귤의 수를 □로 하여 뺄셈식을 만들고, □의 값을 구하세요.

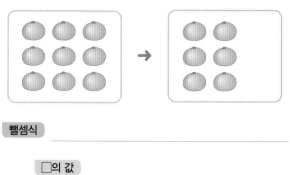

뺄셈식 _____

□의 값 _____

2 새가 나뭇가지에 몇 마리 앉아 있었는데 4마리가 날아가서 6마리가 남았습니다. 처음 나뭇가지에 있던 새의 수를 □로 하여 뺄셈식을 만들고, □의 값을 구하세요.

뺄셈식 _____

□의 값 _____

3 □ 안에 알맞은 수를 써넣으세요.

7	9

□ $-7=9$

4 □의 값이 큰 순서대로 기호를 쓰세요.

⊙ $4-□=1$
⊙ $□-1=5$
⊙ $9-□=2$

(   )

교과역량 콕!

5 풍선이 15개 있었습니다. 그중에서 몇 개가 터졌더니 9개가 남았습니다. 터진 풍선의 수를 □로 하여 뺄셈식을 만들고, □의 값을 구하세요.

뺄셈식 _____

□의 값 _____

교과역량 콕!

6 소희는 9살입니다. 소희는 오빠보다 5살 더 적습니다. 오빠의 나이를 □로 하여 뺄셈식을 만들고, □의 값을 구하세요.

뺄셈식 _____

□의 값 _____

[1~6] 막대의 길이를 여러 가지 물건으로 몇 번 재었는지 ☐ 안에 알맞은 수를 써넣으세요.

1
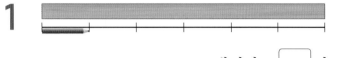

색연필로 ☐ 번

2
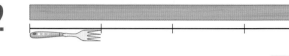

포크로 ☐ 번

3
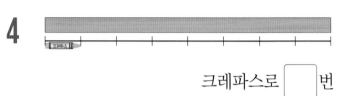

빨대로 ☐ 번

4
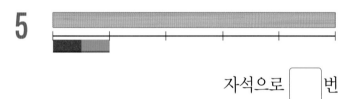

크레파스로 ☐ 번

5
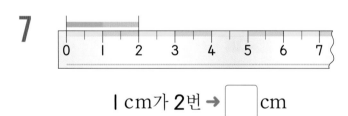

자석으로 ☐ 번

6
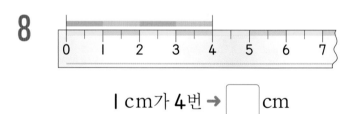

클립으로 ☐ 번

[7~12] 몇 cm인지 ☐ 안에 알맞게 써넣으세요.

7
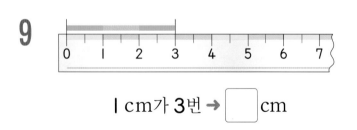

1 cm가 2번 → ☐ cm

8
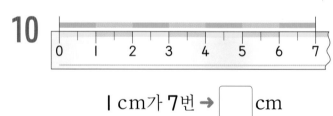

1 cm가 4번 → ☐ cm

9
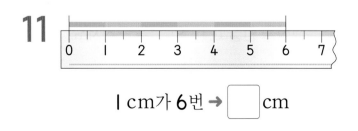

1 cm가 3번 → ☐ cm

10
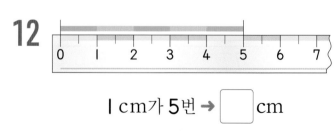

1 cm가 7번 → ☐ cm

11

1 cm가 6번 → ☐ cm

12

1 cm가 5번 → ☐ cm

[1~6] 색 테이프의 길이는 몇 cm인지 구하세요.

1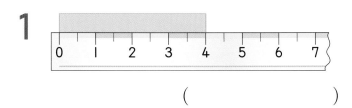

( )

2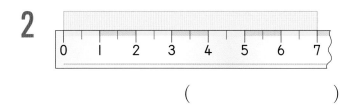

( )

3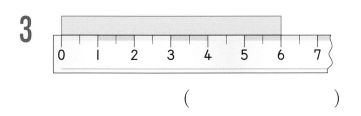

( )

4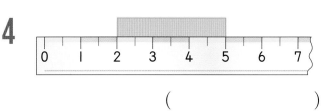

( )

5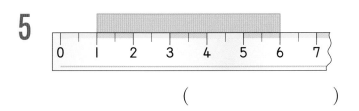

( )

6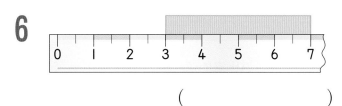

( )

[7~12] 물건의 길이는 몇 cm인지 자로 재어 보세요.

7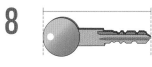

( )

8

( )

9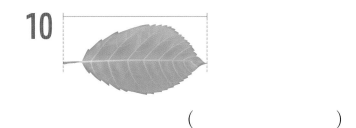

( )

10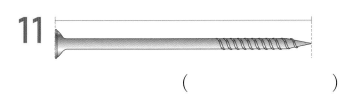

( )

11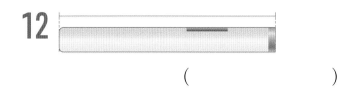

( )

12

( )

1 종이띠를 가와 나의 길이만큼 잘라 길이를 비교한 것입니다. 길이가 더 짧은 쪽에 ◯ 표 하세요.

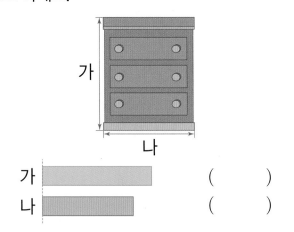

가   (   )
나   (   )

2 ㉠과 ㉡의 길이를 비교할 수 있는 올바른 방법을 말한 친구의 이름을 쓰고, 길이를 비교하여 알맞은 말에 ◯표 하세요.

직접 맞대어서 비교해야 해.

실이나 끈을 이용해서 비교해야 해.

연서   규민

(   )

㉠이 ㉡보다 더
(깁니다 , 짧습니다).

3 길이를 비교하여 ☐ 안에 알맞은 기호를 써넣으세요.

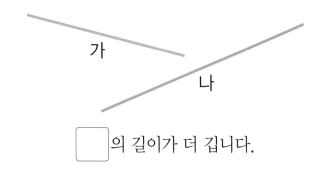

☐의 길이가 더 깁니다.

4 길이가 긴 것부터 순서대로 기호를 쓰세요.

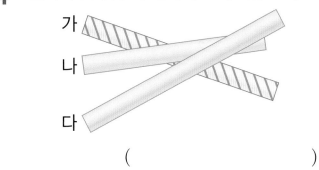

(   )

교과역량 쏙!
5 잡을 수 있는 물고기를 찾아 기호를 쓰세요.

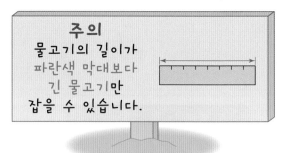

주의
물고기의 길이가
파란색 막대보다
긴 물고기만
잡을 수 있습니다.

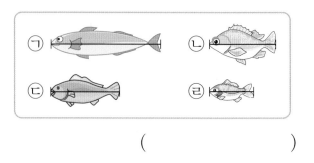

(   )

개념책 092쪽 • 정답 43쪽

1 발 길이를 단위로 수건의 긴 쪽의 길이를 재어 보세요.

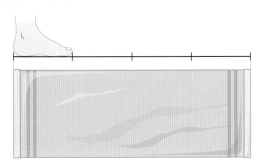

수건의 긴 쪽의 길이는 발 길이로 ☐ 번입니다.

2 여러 가지 단위로 허리띠의 길이를 재어 보세요.

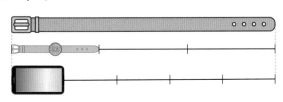

단위	잰 횟수	
손목시계		번
휴대 전화		번

3 스케치북의 긴 쪽의 길이를 재었습니다. 잰 횟수가 가장 많은 친구를 찾아 ◯표 하세요.

난 필통으로 재었어. 난 풀의 긴 쪽으로 재었어. 난 동전으로 재었어.

( ) ( ) ( )

교과역량 쿡!

4 연필의 길이는 지우개로 몇 번일까요?

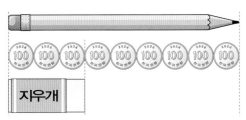

연필의 길이는 지우개로 ☐ 번입니다.

교과역량 쿡!

5 그림을 보고 세계지도의 긴 쪽의 길이는 뼘으로 몇 번쯤인지 재어 보세요.

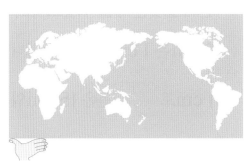

세계지도의 긴 쪽의 길이는 뼘으로 ☐ 번쯤입니다.

교과역량 쿡!

6 오이의 길이는 〈보기〉의 물건을 단위로 몇 번쯤일지 재어 보세요.

〈보기〉

콩 버섯 딸기

오이의 길이는 _____(으)로 ☐ 번쯤입니다.

개념책 094쪽 ● 정답 44쪽

1 길이를 쓰세요.

(1) **I cm** I cm

(2) **2 cm** 2 cm

(3) **3 cm** 3 cm

2 ☐ 안에 알맞은 수를 써넣으세요.

(1) 8 cm는 I cm가 ☐ 번입니다.

(2) I cm로 ☐ 번은 I5 cm입니다.

3 주어진 길이만큼 점선을 따라 선을 긋고 읽어 보세요.

(1) **4 cm**

I cm

읽기 ( )

(2) **5 cm**

읽기 ( )

4 **교과역량 콕!** 가장 작은 사각형의 변의 길이는 모두 I cm입니다. 달팽이가 몇 cm만큼 움직였는지 구하세요.

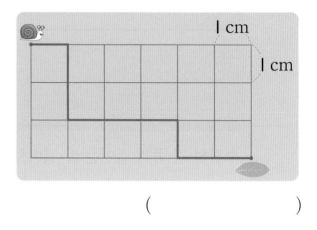

( )

5~6 **교과역량 콕!** I cm, 2 cm, 3 cm 막대가 있습니다. 이 막대들을 여러 번 사용하여 서로 다른 방법으로 6 cm를 색칠해 보세요.

I cm ▭   2 cm ▭

3 cm ▭

5 두 가지 색만 사용하여 6 cm를 색칠해 보세요.

6 세 가지 색을 모두 사용하여 6 cm를 색칠해 보세요.

개념책 100쪽 ● 정답 44쪽

1 길이를 쓰고 읽어 보세요.

(1)
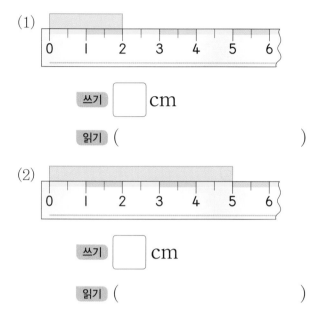

쓰기 ☐ cm

읽기 (   )

(2)

쓰기 ☐ cm

읽기 (   )

2 자로 길이를 재어 보세요.

(1)
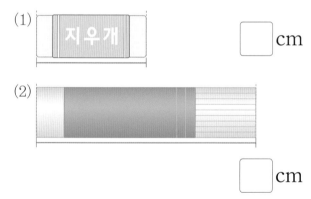
☐ cm

(2)
☐ cm

3 ☐ 안에 알맞은 수를 써넣으세요.

나사못의 길이는 ☐ cm입니다.

왜냐하면 1 cm가 ☐ 번이기 때문입니다.

4 주어진 길이만큼 점선을 따라 선을 그어 보세요.

(1) 3 cm

(2) 6 cm

교과역량 쏙!

5 길이를 <u>잘못</u> 구한 까닭을 말해 보세요.

애벌레의 길이는 **9** cm야.

잘못 구한 것 같은데……

애벌레의 길이는 ☐ cm야.

왜냐하면 _____

_____

개념책 102쪽 ● 정답 44쪽

1 나무막대의 길이는 약 몇 cm인지 쓰세요.

(1)

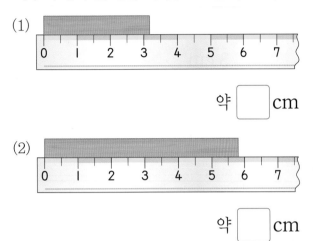

약 ☐ cm

(2)

약 ☐ cm

2 자로 길이를 재어 보세요.

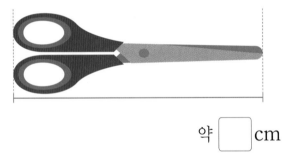

약 ☐ cm

3 크레파스의 길이를 알아보려고 합니다. ☐ 안에 알맞은 수를 써넣으세요.

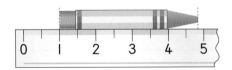

크레파스의 길이는 ㅣcm가 ☐ 번쯤이

므로 약 ☐ cm입니다.

4 길이를 잘못 말한 사람을 찾아 이름을 쓰세요.

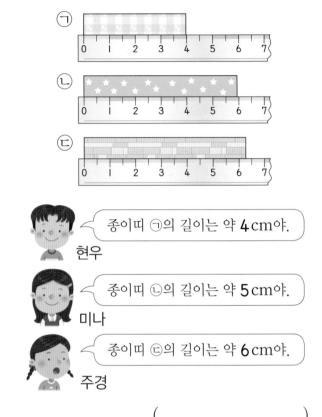

⟨ 종이띠 ㉠의 길이는 약 **4** cm야.

현우

⟨ 종이띠 ㉡의 길이는 약 **5** cm야.

미나

⟨ 종이띠 ㉢의 길이는 약 **6** cm야.

주경

( )

교과역량 쏙!

5 도율이처럼 생각한 까닭을 쓰세요.

지우개의 길이는 모두 약 **2** cm야.

도율

까닭

1 어림하여 선을 긋고 자로 재어 확인해 보세요.

(1) 2 cm

(2) 7 cm

2 〈보기〉에서 알맞은 길이를 골라 문장을 완성해 보세요.

〈보기〉
| 3 cm | 75 cm | 30 cm |

수학책의 긴 쪽의 길이는 약 [　　] 입니다.

3 집에 있는 물건의 길이를 어림하고 자로 재어 확인해 보세요.

물건	어림한 길이	자로 잰 길이
크레파스	약	약
숟가락	약	약
칫솔	약	약

4 곤충들의 길이를 어림하고 자로 재어 확인해 보세요.

가 　　　　나

곤충	어림한 길이	자로 잰 길이
가	약	약
나	약	약

교과역량 콕!
5 실제 길이가 40 cm에 가장 가까운 것에 ○표 하세요.

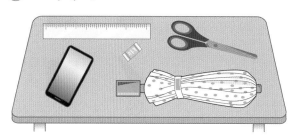

교과역량 콕!
6 길이가 1 cm, 2 cm, 3 cm인 선이 있습니다. 자를 사용하지 않고 7 cm에 가깝게 선을 그어 보세요.

1 cm ━━━━
2 cm ━━━━
3 cm ━━━━

[1~2] 물건을 같은 모양끼리 분류하여 기호를 써넣으세요.

1
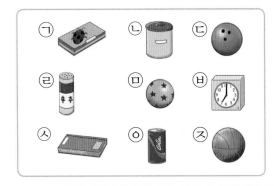

🗆 모양	
🛢 모양	
⚪ 모양	

2
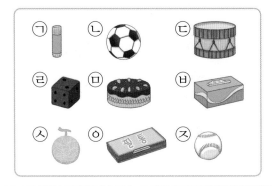

🗆 모양	
🛢 모양	
⚪ 모양	

[3~6] 주어진 기준에 따라 도형을 분류하여 기호를 써넣으세요.

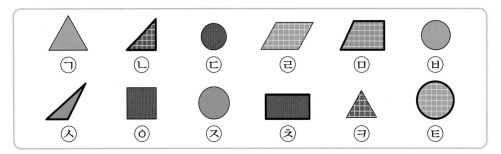

3
분류 기준	모양
원	
삼각형	
사각형	

4
분류 기준	색깔
파란색	
빨간색	
초록색	

5
분류 기준	무늬
무늬가 있음	
무늬가 없음	

6
분류 기준	테두리 선 두께
두꺼움	
얇음	

[1~2] 우리 반 학생들이 좋아하는 것을 조사하였습니다. 기준에 따라 분류하고 그 수를 세어 보세요.

1

야구	수영	야구	축구
배구	축구	배구	야구
축구	야구	수영	축구

운동	야구	수영	축구	배구
세면서 표시하기	////	////	////	////
학생 수(명)	4			

2

버스	택시	지하철	버스
자전거	지하철	버스	택시
자전거	버스	택시	지하철

이동 수단	버스	택시	지하철	자전거
세면서 표시하기	////	////	////	////
학생 수(명)				

[3~4] 주어진 기준에 따라 단추들을 분류하여 기호를 써넣고, 그 수를 세어 보세요.

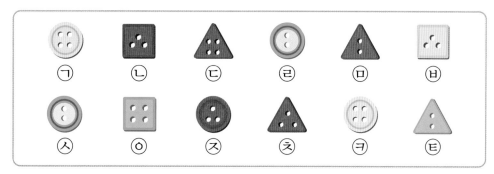

㉠ ㉡ ㉢ ㉣ ㉤ ㉥
㉦ ㉧ ㉨ ㉩ ㉪ ㉫

3 모양이 같은 것끼리 분류해 보세요.

모양	●	▲	■
기호			
단추 수(개)			

4 구멍 수가 같은 것끼리 분류해 보세요.

구멍 수	4개	3개	2개
기호			
단추 수(개)			

1 쿠키를 분류하려고 합니다. 분류 기준을 알맞게 말한 친구의 이름을 쓰세요.

> 모양으로
> 분류하는 것이
> 좋을 것 같아.

준호

> 좋아하는 것과
> 안 좋아하는 것으로
> 분류해 볼래.

연서

( )

2 분류 기준으로 알맞지 <u>않은</u> 것에 ◯표 하세요.

색깔   무늬   예쁜 것

( ) ( ) ( )

3 냄비를 분류할 수 있는 기준을 쓰세요.

분류 기준

4 과일을 다음과 같이 분류하였습니다. 분류 기준으로 알맞지 <u>않은</u> 까닭을 쓰세요.

맛있는 과일	맛없는 과일

까닭

교과역량 콕!

5 바지를 어떻게 분류하면 좋을지 이야기를 완성해 보세요.

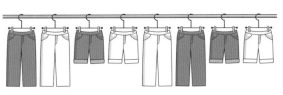

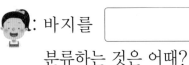 : 옷걸이에 있는 바지를 어떻게 정리할 수 있을까?

 : 바지를 [   ] (으)로 분류하는 것은 어때?

: 좋아. [   ] (으)로도 분류할 수 있을 것 같은데?

개념책 119쪽 ● 정답 45쪽

[1~2] 정해진 기준에 따라 분류해 보세요.

1 색깔에 따라 분류해 보세요.

색깔	빨간색	주황색	초록색
번호			

2 종류에 따라 분류해 보세요.

종류	과일	채소
번호		

3 모양에 따라 분류해 보세요.

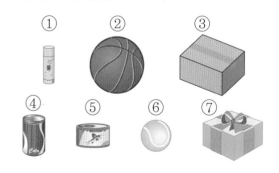

모양	□	○	◯
번호			

4 아이스크림을 기준에 따라 분류한 것입니다. 잘못 분류된 하나를 찾아 ✕ 표 하세요.

교과역량 **콕!**

5 물건을 기준에 따라 알맞게 분류하여 가게를 만들려고 합니다. 가게에 알맞은 물건을 찾아 이어 보세요.

옷 가게 ·

서점 ·

악기 가게 ·

·

·

·

·

·

·

·

·

·

개념책 119쪽 ● 정답 46쪽

1 아이스크림을 분류할 수 있는 기준을 쓰세요.

분류 기준 **1** _____

분류 기준 **2** _____

2 기준을 정하여 초콜릿을 분류하고 번호를 쓰세요.

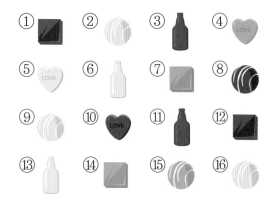

분류 기준 [   ]

교과역량 **콕!**

[3~5] 분류 놀이를 하기 위해 종이로 단추를 만들었습니다. 단추를 분류해 보고 새로운 단추를 만들어 보세요.

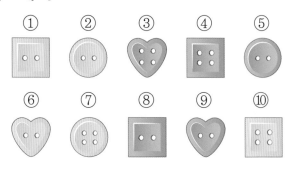

3 분류 기준이 될 수 있는 것을 모두 찾아 ○표 하세요.

모양	( )
구멍의 수	( )
인기가 많은 것	( )

4 기준을 정하여 단추를 분류해 보세요.

분류 기준 [   ]

5 〈보기〉와 같은 새로운 단추를 이용하여 분류 놀이를 하려고 합니다. 색깔과 구멍을 그려 놀이에 필요한 단추를 만들어 보세요.

〈 보기 〉

개념책 120쪽 ● 정답 46쪽

[1~2] 학생들의 모습을 기준에 따라 분류하려고 합니다. 물음에 답하세요.

1 정해진 기준에 따라 분류하고 그 수를 세어 보세요.

분류 기준	우산 색깔

우산 색깔	빨간색	노란색	초록색
세면서 표시하기			
학생 수 (명)			

2 위 **1**과 다른 기준을 정하여 분류하고 그 수를 세어 보세요.

분류 기준	

학생 수 (명)	

교과역량 쿡!

[3~4] 작아져 입을 수 없는 옷을 정리하여 나눔하려고 합니다. 물음에 답하세요.

3 기준에 따라 옷을 분류하고 그 수를 세어 보세요.

분류 기준	종류

종류	윗옷	바지	원피스
세면서 표시하기			
옷의 수 (벌)			

4 작아져 입을 수 없는 옷을 정리하여 나눔하면 좋은 점을 쓰세요.

좋은 점

_____

_____

교과역량 쿡!

[1~3] 신발을 분류하고 정리하려고 합니다. 물음에 답하세요.

1 정해진 기준에 따라 분류하고 그 수를 세어 보세요.

분류 기준	신발 목의 높이	

신발 목의 높이	짧은 것	긴 것
세면서 표시하기	//// //// ////	//// //// ////
신발의 수 (켤레)		

2 어떤 신발이 더 많은지 알맞은 것에 ○표 하세요.

(목이 짧은 신발 , 목이 긴 신발)

3 알맞은 말에 ○표 하세요.

신발장에 높이가 (낮은 , 높은) 칸을 (낮은 , 높은) 칸보다 더 많이 준비합니다.

[4~6] 우리 반 친구들이 가지고 있는 모자입니다. 물음에 답하세요.

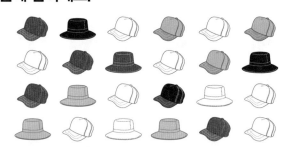

4 기준을 정하여 분류하고 그 수를 세어 보세요.

분류 기준	

세면서 표시하기	
모자의 수(개)	

5 어떤 모자를 가장 많이 가지고 있나요?

( )

6 모자 가게 주인에게 모자를 더 많이 팔 수 있도록 편지를 쓰세요.

안녕하세요. 우리 반 친구들이 많이 쓰는 모자는 ( ) 모자입니다. 그래서 ( ) 모자를 더 준비해 두시면 좋을 것 같아요. 감사합니다.

[1~2] 몇 개인지 묶어 세어 보세요.

1
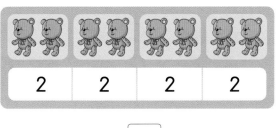

| 2 | 2 | 2 | 2 |

2씩 ☐ 묶음

| 2 |—| 4 |—| ☐ |—| ☐ |

2
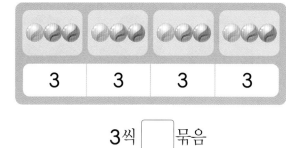

| 3 | 3 | 3 | 3 |

3씩 ☐ 묶음

| 3 |—| 6 |—| ☐ |—| ☐ |

[3~6] 묶어 세어 보고 ☐ 안에 알맞은 수를 써넣으세요.

3

· 3씩 ☐ 묶음
· 6씩 ☐ 묶음 → 모두 ☐ 개

4
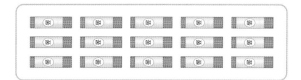

· 3씩 ☐ 묶음
· 5씩 ☐ 묶음 → 모두 ☐ 개

5

· 4씩 ☐ 묶음
· 6씩 ☐ 묶음 → 모두 ☐ 개

6
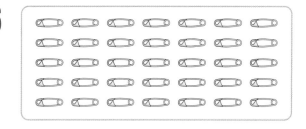

· 5씩 ☐ 묶음
· 7씩 ☐ 묶음 → 모두 ☐ 개

[1~4] ☐ 안에 알맞은 수를 써넣으세요.

1

3씩 3묶음 → 3의 ☐ 배

2

4씩 ☐ 묶음 → 4의 ☐ 배

3

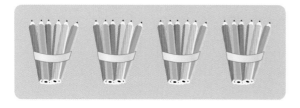

6씩 ☐ 묶음 → ☐ 의 ☐ 배

4

7씩 ☐ 묶음 → ☐ 의 ☐ 배

[5~10] 초록색 연결 모형의 수는 노란색 연결 모형의 수의 몇 배인지 구하세요.

5　5

10

→ 10은 5의 ☐ 배입니다.

6　4

8

→ 8은 4의 ☐ 배입니다.

7　4

12

→ 12는 4의 ☐ 배입니다.

8　3
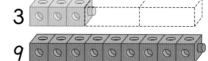
9

→ 9는 3의 ☐ 배입니다.

9　2
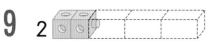
8

→ 8은 2의 ☐ 배입니다.

10　6
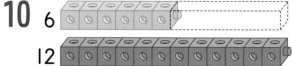
12

→ 12는 6의 ☐ 배입니다.

개념책 138쪽 • 정답 47쪽

[1~8] ☐ 안에 알맞은 수를 써넣으세요.

1

덧셈식 $4 + 4 + \boxed{} = \boxed{}$

곱셈식 $4 \times \boxed{} = \boxed{}$

2
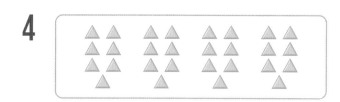

덧셈식 $5 + 5 + \boxed{} + \boxed{} = \boxed{}$

곱셈식 $5 \times \boxed{} = \boxed{}$

3

덧셈식 $9 + \boxed{} + \boxed{} = \boxed{}$

곱셈식 $9 \times \boxed{} = \boxed{}$

4

덧셈식 $7 + \boxed{} + \boxed{} + \boxed{} = \boxed{}$

곱셈식 $7 \times \boxed{} = \boxed{}$

5

덧셈식 $\boxed{} + \boxed{} = \boxed{}$

곱셈식 $\boxed{} \times \boxed{} = \boxed{}$

6

덧셈식 $\boxed{} + \boxed{} + \boxed{} = \boxed{}$

곱셈식 $\boxed{} \times \boxed{} = \boxed{}$

7

덧셈식 $\boxed{} + \boxed{} + \boxed{} + \boxed{}$
$+ \boxed{} + \boxed{} = \boxed{}$

곱셈식 $\boxed{} \times \boxed{} = \boxed{}$

8

덧셈식 $\boxed{} + \boxed{} + \boxed{} + \boxed{}$
$+ \boxed{} + \boxed{} + \boxed{} = \boxed{}$

곱셈식 $\boxed{} \times \boxed{} = \boxed{}$

[1~2] 곱셈식을 쓰세요.

1

♧	$3 \times 1 = 3$
♧ ♧	$3 \times 2 = 6$
♧ ♧ ♧	
♧ ♧ ♧ ♧	
♧ ♧ ♧ ♧ ♧	
♧ ♧ ♧ ♧ ♧ ♧	

2

✋	$5 \times 1 = 5$
✋ ✋	
✋ ✋ ✋	
✋ ✋ ✋ ✋	
✋ ✋ ✋ ✋ ✋	

[3~6] 모두 몇 개인지 두 가지 곱셈식으로 나타내세요.

3

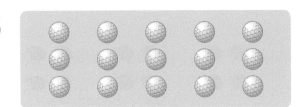

- ☐ × ☐ = ☐
- ☐ × ☐ = ☐

4

- ☐ × ☐ = ☐
- ☐ × ☐ = ☐

5

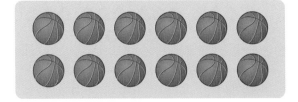

- ☐ × ☐ = ☐
- ☐ × ☐ = ☐

6

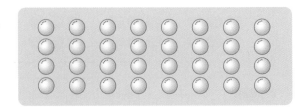

- ☐ × ☐ = ☐
- ☐ × ☐ = ☐

개념책 134쪽 ● 정답 47쪽

1 밤은 모두 몇 개인지 세어 보세요.

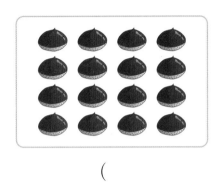

( )

[2~4] 벌이 모두 몇 마리인지 여러 가지 방법으로 세어 보세요.

2 묶어 세어 보세요.

2마리씩 ☐ 묶음

7마리씩 ☐ 묶음

3 뛰어 세어 보세요.

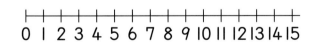

0 1 2 3 4 5 6 7 8 9 10 11 12 13 14 15

4 벌은 모두 몇 마리일까요?

( )

5 ☐ 안에 알맞은 수를 써넣으세요.

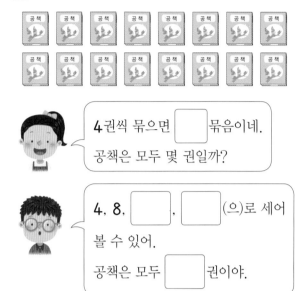

4권씩 묶으면 ☐ 묶음이네. 공책은 모두 몇 권일까?

4, 8, ☐, ☐ (으)로 세어 볼 수 있어.

공책은 모두 ☐ 권이야.

교과역량 콕!

[6~7] 대화를 읽고 문제를 해결해 보세요.

 달걀을 바구니에 담아 정리해 보자. 몇 개씩 담아 볼까?

6 바구니 안에 같은 수의 달걀을 ◯로 그려 보세요.

7 ☐ 안에 알맞은 수를 써넣으세요.

[내가 달걀을 정리한 방법]

바구니에 ☐ 개씩 넣어서 4묶음으로

정리했어. ☐, ☐, ☐, ☐

(으)로 세었더니 모두 ☐ 개야.

1 몇 개인지 묶어 세어 보세요.

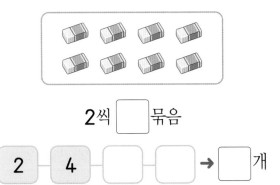

2씩 ⬜ 묶음

| 2 | 4 | ⬜ | ⬜ | → | ⬜개 |

2 강아지를 묶어 보고, 모두 몇 마리인지 ⬜ 안에 알맞은 수를 써넣으세요.

⬜씩 ⬜묶음 → ⬜마리

3 토마토가 **20**개 있습니다. 바르게 말한 사람의 이름을 모두 쓰세요.

> 준하: 토마토를 **4**개씩 묶으면 **5**묶음이 됩니다.
> 은서: 토마토의 수는 **5**씩 **3**묶음입니다.
> 선호: 토마토의 수는 **5, 10, 15, 20** 으로 세어 볼 수 있습니다.

(   )

교과역량 콕!

4 ⬜ 안에 알맞은 수를 써넣으세요.

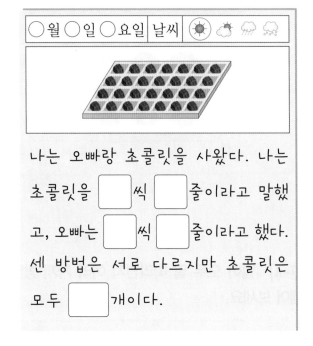

나는 오빠랑 초콜릿을 사왔다. 나는 초콜릿을 ⬜씩 ⬜줄이라고 말했고, 오빠는 ⬜씩 ⬜줄이라고 했다. 센 방법은 서로 다르지만 초콜릿은 모두 ⬜개이다.

교과역량 콕!

5 그림에서 묶어 세어 볼 것을 골라 그림에 ○표 하고 ⬜ 안에 알맞은 수나 말을 써넣으세요.

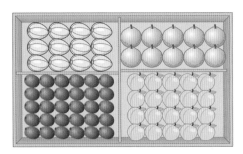

⬜의 수를 묶어 세면 ⬜씩 ⬜묶음입니다. 그래서 모두 ⬜개라는 것을 알 수 있습니다.

개념책 136쪽 ● 정답 48쪽

1 ☐ 안에 알맞은 수를 써넣으세요.

2씩 ☐ 묶음은 2의 ☐ 배입니다.

2 ☐ 안에 알맞은 수를 써넣으세요.

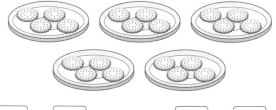

☐씩 ☐묶음이므로 ☐의 ☐배입니다.

3 ☐ 안에 알맞은 수를 쓰고 이어 보세요.

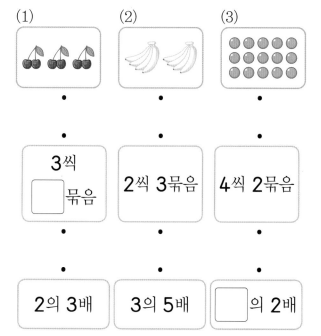

(1)   (2)   (3)

| 3씩 ☐묶음 | 2씩 3묶음 | 4씩 2묶음 |

| 2의 3배 | 3의 5배 | ☐의 2배 |

교과역량 콕!

4 그림을 보고 ☐ 안에 알맞은 수를 써넣으세요.

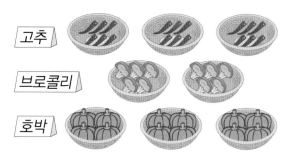

고추
브로콜리
호박

고추	☐씩 ☐묶음 → ☐의 ☐배
브로콜리	☐씩 ☐묶음 → ☐의 ☐배
호박	☐씩 ☐묶음 → ☐의 ☐배

교과역량 콕!

5 우리 주변에 있는 물건을 살펴보고 몇의 몇 배를 넣어 문장을 만들어 보세요.

예 우리 교실에는 책상이 4의 6배만큼 있습니다.

문장
_____

_____

1 미나가 가진 우표의 수는 도율이가 가진 우표의 수의 몇 배일까요?

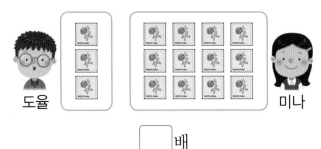

□ 배

2 □ 안에 알맞은 수를 써넣으세요.

연서: 나는 연필을 **6**자루 가지고 있어.

규민: 나는 연서의 □ 배만큼 가지고 있어.

3 자동차의 수를 몇의 몇 배로 나타내세요.

| 3 |의| □ |배| | 7 |의| □ |배|

4 지후와 혜린이가 쌓은 연결 모형의 수는 동우가 쌓은 연결 모형의 수의 몇 배인지 구하세요.

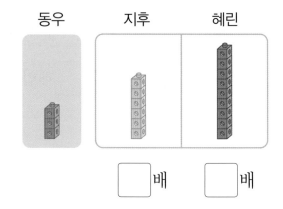

동우   지후   혜린

□ 배   □ 배

교과역량 콕!

5 색 막대를 보고 리아의 생각을 쓰세요.

3 cm

15 cm

현우

분홍색 막대의 길이는 초록색 막대의 길이의 **4**배야. 왜냐하면 초록색 막대를 네 번 이어 붙이면 분홍색 막대의 길이와 같아지기 때문이야.

리아

내 생각은 달라. 나는 분홍색 막대의 길이는 초록색 막대의 길이의 □ 배라고 생각해.

왜냐하면 ＿＿＿＿＿＿＿＿＿＿

＿＿＿＿＿＿＿＿＿＿＿＿＿＿

＿＿＿＿＿＿＿＿＿＿＿＿＿＿

1 ☐ 안에 알맞은 수를 써넣으세요.

- 5씩 ☐ 묶음 ➔ 5의 ☐ 배

- 5의 ☐ 배는 ☐ × ☐ (이)라고 씁니다.

2 ☐ 안에 알맞은 수를 써넣으세요.

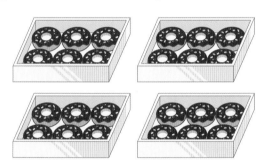

➔ 6+6+6+6은 ☐ × ☐ 와/과 같습니다.

3 그림을 보고 ☐ 안에 알맞은 수를 써넣으세요.

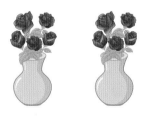

5씩 ☐ 묶음, 5의 ☐ 배를 곱셈식으로 나타내면 ☐ × ☐ 입니다.

4 사탕의 수를 곱셈식으로 바르게 설명하지 못한 사람의 이름을 쓰세요.

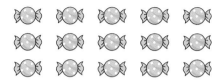

정우: 3×5=15야.
민교: 3+3+3+3+3은 3×3과 같아.
지혜: "3×5=15는 3 곱하기 5는 15와 같습니다."라고 읽어.
영준: 3과 5의 곱은 15야.

(   )

교과역량 콕!
5 그림을 보고 ☐ 안에 알맞은 수를 써넣으세요.

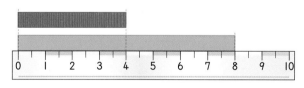

(1) 자로 길이를 재어 보면

초록색 종이띠는 ☐ cm,

빨간색 종이띠는 ☐ cm입니다.

(2) ☐ + ☐ = ☐ ,

☐ × ☐ = ☐

(3) 초록색 종이띠의 길이는 빨간색 종이띠 길이의 ☐ 배입니다.

개념책 140쪽 ● 정답 48쪽

1 연필은 모두 몇 자루인지 알아보세요.

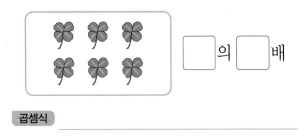

8의 ☐ 배

덧셈식 _____

곱셈식 _____

2 네잎클로버의 잎의 수는 모두 몇 장인지 알아보세요.

☐ 의 ☐ 배

곱셈식 _____

[3~4] 단추는 모두 몇 개인지 알아보려고 합니다. 물음에 답하세요.

3 단추가 모두 몇 개인지 두 가지 곱셈식으로 나타내세요.

방법 1	방법 2

4 단추는 모두 몇 개인가요?

( )

교과역량 콕!

5 그림을 보고 냉장고에 있는 물건 중 곱셈식으로 나타낼 수 있는 것을 찾아 ◯표 하고, 곱셈식으로 나타내세요.

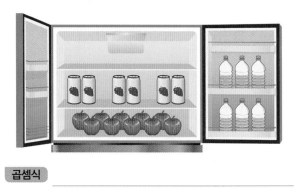

곱셈식 _____

교과역량 콕!

6 주현이가 실천한 것을 곱셈식으로 나타내세요.

계획 \ 요일	월	화	수	목	금
하루에 비타민 2알 먹기	◯	◯	◯	×	◯
하루에 수학 문제 5개 풀기	◯	×	◯	×	◯

실천한 날에 먹은 비타민의 수

곱셈식 _____

실천한 날에 푼 수학 문제의 수

곱셈식 _____

독해의 핵심은 비문학

지문 분석으로 독해를 깊이 있게!

비문학 독해 | 1~6단계

올바른 문학 독서법

문학 갈래별 작품 이해를 풍성하게!

문학 독해 | 1~6단계

결국은 어휘력

비문학 독해로 어휘 이해부터 어휘 확장까지!

어휘 X 독해 | 1~6단계

초등 문해력의 빠른시작

동아출판

큐브 개념

기본 강화책 │ 초등 수학 2·1

엄마표 학습 큐브

큡챌린지란?

큐브로 6주간 매주 자녀와
학습한 내용을 기록하고,
같은 목표를 가진 엄마들과 소통하며
함께 성장할 수 있는
엄마표 학습단입니다.

큡챌린지 이런 점이 좋아요

계획적인 학습
동기부여
학습고민 나눔
학습 혜택

엄마표 학습, 큐브로 시작!
큡챌린지
수학은
큡
끝

학습 태도 변화

습관 형성　성취감　자신감

학습단 참여 후 우리 아이는
"꾸준히 학습하는 습관이 잡혔어요."
"성취감이 높아졌어요."
"수학에 자신감이 생겼어요."

학습 지속률

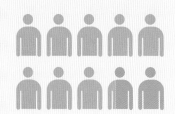

10명 중 **8.3**명

학습 스케줄

매일 **4**쪽씩 학습!

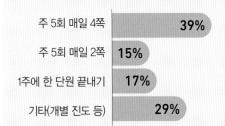

주 5회 매일 4쪽	39%
주 5회 매일 2쪽	15%
1주에 한 단원 끝내기	17%
기타(개별 진도 등)	29%

6주 학습 완주자 → 완주 **83%**

만족 **98%** ← 학습단 참여 만족도

학습 참여자 2명 중 1명은

6주 간 **1**권 끝!

동아출판

큐브 개념

초등 수학
2·1

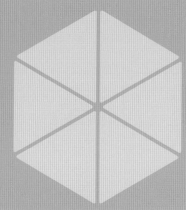

정답 및 풀이

정답 및 풀이

모바일 빠른 정답
QR코드를 찍으면 **정답 및 풀이**를 쉽고 빠르게
확인할 수 있습니다.

1 세 자리 수

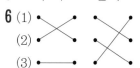 **008쪽** 1STEP 교과서 개념 잡기

1 (왼쪽에서부터) 400, 사백 / 4, 사
2 30, 70, 100 / 100
3 100 / 100
4 (예)  / 6
5 (1) 구백 (2) 칠백
6 (1) ╲ ╱
　　(2) ╳
　　(3) ╱ ╲

3 90부터 1씩 커지는 수직선입니다.
　→ 99 다음 수는 100이므로 99보다 1만큼 더 큰 수는 100입니다.

4 600은 100이 6개인 수이므로 백 모형 6개만큼 묶습니다.
　참고 100이 ■개이면 ■00입니다.

010쪽 1STEP 교과서 개념 잡기

1 (왼쪽에서부터) 4 / 5, 4 / 254, 이백오십사
2 4, 7, 470
3 (1) '육백오십이'에 ○표 (2) '이백구십'에 ○표
4 803
5 423, 사백이십삼
6 (1) 오백십오 (2) 육백칠 (3) 844 (4) 380

4 100이 8개, 1이 3개이면 803입니다.

5 100이 4개이면 400 ┐
　　10이 2개이면　20 ┤→ 423(사백이십삼)
　　　1이 3개이면　　3 ┘

6 (2) 수를 읽을 때 0이 있는 자리는 읽지 않습니다.
　(4) 수를 쓸 때 읽지 않은 자리에는 0을 씁니다.

012쪽 1STEP 교과서 개념 잡기

1 400, 10, 3
2 (위에서부터) 6 / 2, 9 / 60, 9
3 (1) 6, 5, 8 (2) 3, 0, 7
4 (1) 400, 10, 7 (2) 900, 40, 3
5 542에 ○표
6 (1) 십, 20 (2) 일, 9 (3) 십, 0

3 참고 숫자가 놓인 위치로 어느 자리인지 알 수 있습니다.
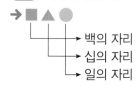
→ ■▲●
　　└→ 백의 자리
　　└→ 십의 자리
　　└→ 일의 자리

4 세 자리 수를 각 자리 숫자가 나타내는 값의 합으로 나타냅니다.
　(1) 417에서 4는 400, 1은 10, 7은 7을 나타냅니다.
　　→ 417＝400＋10＋7
　(2) 943에서 9는 900, 4는 40, 3은 3을 나타냅니다.
　　→ 943＝900＋40＋3

5 일의 자리 숫자를 각각 알아보면 다음과 같습니다.
　•2 1 4 → 4　•5 4 2 → 2
　따라서 일의 자리 숫자가 2인 수는 542입니다.

6 (1)

7 2 1
├→ 백의 자리 숫자, 700
├→ 십의 자리 숫자, 20
└→ 일의 자리 숫자, 1

(2)
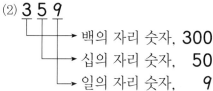
3 5 9
├→ 백의 자리 숫자, 300
├→ 십의 자리 숫자, 50
└→ 일의 자리 숫자, 9

(3)
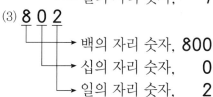
8 0 2
├→ 백의 자리 숫자, 800
├→ 십의 자리 숫자, 0
└→ 일의 자리 숫자, 2

참고 주어진 자리 숫자가 0이면 나타내는 값은 0입니다.

개념책

1 단원

01 500
02 (1) 1 (2) 100
03 (위에서부터) 200, 300, 400 / 500, 600, 700
04 (1) 10, 0 / 100 (2) 9, 10 / 100
05 700, 800
06 80, 100
07 600원
08 ㉡
09 100개
10 (◯)( )
11 1, 4, 7 / 147
12 619
13 (1)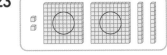
(2)
(3)
14 560, 오백육십
15 420개
16 350원
17 6, 7
18 (1) 백, 400 (2) 5, 50
19 182
20 700, 40, 5
21 461
22 391
23

780	781	~~782~~	783	784	785
790	791	~~792~~	793	794	795
(800)	(801)	(802)	(803)	(804)	(805)

24 (1), (2)

(3) 802, 팔백이

02 (1) 100은 99 다음 수이므로 99보다 1만큼 더 큰 수입니다.
(2) 90보다 10만큼 더 큰 수는 100입니다.

04 (1) 십 모형이 10개이면 100입니다.
(2) 십 모형 9개: 90
일 모형 10개: 10
➡ 90보다 10만큼 더 큰 수는 100입니다.

05 500부터 100씩 커지고 있습니다.
➡ 500 – 600 – **700** – **800** – 900

07 100원짜리 동전 5개: 500원 ⎤
10원짜리 동전 10개: 100원 ⎦ ➡ 600원

08 백 모형이 2개 있고, 십 모형이 4개 더 있으므로 200보다 크고 300보다 작습니다.

09 50은 10이 5개인 수입니다.
따라서 50개씩 두 상자에 들어 있는 사탕은 10이 5+5=10(개)인 수와 같으므로 모두 100개입니다.

10 500 → 100이 5개인 수
400 → 100이 4개인 수
800 → 100이 8개인 수
➡ 5는 8보다 4에 더 가까우므로 500과 더 가까운 수는 400입니다.

12 100이 6개이면 600 ⎤
10이 1개이면 10 ⎥ ➡ 619
1이 9개이면 9 ⎦

13 (1) $\underline{3}$ $\underline{7}$ $\underline{4}$ (2) $\underline{7}$ $\underline{4}$ $\underline{3}$ (3) $\underline{4}$ $\underline{3}$ $\underline{7}$
삼백 칠십 사   칠백 사십 삼   사백 삼십 칠

14 100이 5개이면 500 ⎤
10이 6개이면 60 ⎦ ➡ 560(오백육십)

15 10개짜리 단추 12통은 단추 120개입니다.
➡ 100개짜리 단추 4통, 10개짜리 단추 2통과 같으므로 단추는 모두 420개입니다.

16 100원짜리 음식을 모두 2+1=3(개) 샀습니다.
100원짜리 음식 3개: 300원 ⎤
10원짜리 음식 5개: 50원 ⎦ ➡ 350원

17 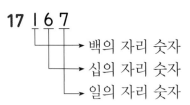 1 6 7
➡ 백의 자리 숫자
➡ 십의 자리 숫자
➡ 일의 자리 숫자

참고 숫자가 놓인 위치로 어느 자리인지 알 수 있습니다.

18 (1) 4 9 2
➡ 백의 자리 숫자, 400
➡ 십의 자리 숫자, 90
➡ 일의 자리 숫자, 2
(2) 9 5 7
➡ 백의 자리 숫자, 900
➡ 십의 자리 숫자, 50
➡ 일의 자리 숫자, 7

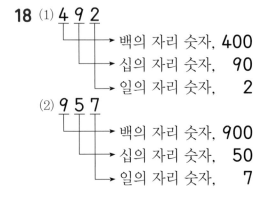

19 십의 자리 숫자를 각각 알아보면 다음과 같습니다.

· 1<u>8</u>2 → 8 · 4<u>5</u>9 → 5

8>5이므로 십의 자리 숫자가 더 큰 수는 182입니다.

20 745에서 7은 700, 4는 40, 5는 5를 나타냅니다.

→ 745=700+40+5

21 숫자 4가 나타내는 값을 각각 알아보면 다음과 같습니다.

· <u>4</u>61 → 400 · 32<u>4</u> → 4 · 9<u>4</u>2 → 40

따라서 숫자 4가 나타내는 값이 400인 수는 461입니다.

22 · 100이 3개인 세 자리 수 → 3□□
· 십의 자리 숫자가 90을 나타냅니다. → 39□
· 211과 일의 자리 숫자가 같습니다. → 391

23 222에서 백의 자리 숫자 2가 나타내는 값은 200이므로 백 모형 2개에 ○표 합니다.

24 (3) <u>8 0 2</u>
　　　팔백　　이

018쪽 **1STEP 교과서 개념 잡기**

1 (1) 400, 500 (2) 130, 150 (3) 114, 116
2 (1) 1000 (2) 1　　**3** 525, 625, 825
4 785, 787, 788　　**5** 100
6

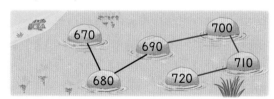

1 (1) 100씩 뛰어 세면 백의 자리 숫자가 1씩 커집니다.
(2) 10씩 뛰어 세면 십의 자리 숫자가 1씩 커집니다.
(3) 1씩 뛰어 세면 일의 자리 숫자가 1씩 커집니다.

5 백의 자리 숫자가 1씩 커지므로 100씩 뛰어 센 것입니다.

6 670부터 10씩 뛰어 세면 670−680−690−700−710−720이므로 순서에 맞게 잇습니다.

020쪽 **1STEP 교과서 개념 잡기**

1 (왼쪽에서부터) >/ <, < / >, >
2 1, 241　　　　　　**3** >
4 (1) 4, 7 (2) <
5 (1) >, > (2) <, < (3) < (4) >

1 세 자리 수의 크기를 비교할 때에는 백, 십, 일의 자리 수를 차례로 비교합니다. 높은 자리의 숫자가 클수록 더 큰 수입니다.

3 100개씩 묶음의 수가 4로 같으므로 10개씩 묶음의 수를 비교하면 2>1입니다.
→ 420>412

4 (2) 백, 십의 자리 수가 각각 같으므로 일의 자리 수를 비교합니다.
4<7이므로 854<857입니다.

5 (1) 백의 자리 수가 다르므로 백의 자리 수를 비교합니다.
6>4이므로 682>467입니다.
(2) 백의 자리 수가 같으므로 십의 자리 수를 비교합니다.
7<8이므로 575<581입니다.
(3) 백의 자리 수가 같으므로 십의 자리 수를 비교합니다.
1<6이므로 115<162입니다.
(4) 백, 십의 자리 수가 각각 같으므로 일의 자리 수를 비교합니다.
8>6이므로 798>796입니다.

022쪽 2STEP 수학익힘 문제 잡기

01 (1) 997, 998, 999 (2) 999
(3) 1000, 천
02 441, 461   **03** 673, 773
04 463, 503 / 10
05 (왼쪽에서부터) 700, 600, 500, 400
06 ㄱ, ㄴ, ㅁ / 곰   **07** 2, 8, 7 / <
08 (1) > (2) <
09 1, 2, 9 / 2, 0, 8 / 129
10 9에 ○표
11 330, 340, 350
12 소설책   **13** 741

02 10씩 뛰어 세면 십의 자리 숫자가 1씩 커집니다.

03 100씩 뛰어 세면 백의 자리 숫자가 1씩 커집니다.

04 십의 자리 숫자가 1씩 커지므로 10씩 뛰어 세었습니다.

05 100씩 거꾸로 뛰어 세면 백의 자리 숫자가 1씩 작아집니다.

06 오른쪽(→)으로는 1씩 뛰어 세고, 아래(↓)로는 10씩 뛰어 센 것입니다.
ㄴ: 542, ㄷ: 554, ㅏ: 555,
ㄱ: 560, ㅁ: 563

07 백의 자리 수가 같으므로 십의 자리 수를 비교합니다.
278<287
└7<8┘

08 (1) 531>425 (2) 623<626
└5>4┘   └3<6┘

09 백의 자리 수를 비교하면 208이 가장 큽니다.
147과 129는 백의 자리 수가 같으므로 십의 자리 수를 비교하면 147>129입니다.
→ 129<147<208

10 백의 자리, 십의 자리 수가 각각 같으므로 일의 자리 수를 비교합니다.
84□>848에서 □ 안에는 8보다 큰 수가 들어가야 하므로 9가 들어갈 수 있습니다.

11

| 335 > ① | 345 > ② | 355 > ③ |

①, ②, ③에 들어갈 수 있는 수 카드를 찾습니다.
① 335보다 작은 수: 330
② 345보다 작은 수: 330, 340
③ 355보다 작은 수: 330, 340, 350
수 카드를 한 번씩만 사용해야 하므로 ①에 330,
②에 340, ③에 350을 써넣습니다.

12 536>276이므로 소설책이 더 많습니다.
└5>2┘

13 가장 큰 세 자리 수는 높은 자리부터 큰 수를 차례로 놓아 만듭니다.
7>4>1이므로 만들 수 있는 가장 큰 세 자리 수는 741입니다.

024쪽 3STEP 서술형 문제 잡기

※서술형 문제의 예시 답안입니다.

1 1단계 100   2단계 300
답 300원

2 1단계 10원짜리 동전 10개는 100원입니다. ▶3점
2단계 100원씩 5개 있는 것과 같으므로 500원입니다. ▶2점
답 500원

3 1단계 6   2단계 7, 4   3단계 649
답 649

4 1단계 백의 자리 수가 4로 같습니다. ▶2점
2단계 십의 자리 수를 비교하면 3<9입니다. ▶2점
3단계 따라서 더 작은 수는 435입니다. ▶1점
답 435

5 1단계 40, 400   2단계 40, 400, 422
답 422

6 1단계 숫자 7이 나타내는 값을 각각 구하면
792 → 700, 817 → 7입니다. ▶3점
2단계 700>7이므로 숫자 7이 나타내는 값이 더 큰 수는 792입니다. ▶2점
답 792

7 방법1 2, 7　　　방법2 1, 17

8 방법1 예 3, 2, 2　　　방법2 예 2, 12, 2

8 채점 가이드 서로 다른 두 가지 방법으로 나타내고, 나타낸 방법이 322원이 되는지 확인합니다.

026쪽 1단원 마무리

01 800　　　　　　**02** 100, 20
03 (×)(○)　　　**04** 790
05 500, 30, 7 / 30, 7
06 998, 1000　　　**07** 8, 1, 9 / >
08 308　　　　　　**09** 600
10 498, 사백구십팔　**11** 245, 265
12 도율　　　　　　**13** 국어책
14 (왼쪽에서부터) 550, 450, 350, 250
15 720　　　　　　**16** 2개
17 8, 9에 ○표　　　**18** 853

서술형　　　　　　※서술형 문제의 예시 답안입니다.

19 ❶ 10원짜리 동전 10개는 얼마인지 구하기 ▶ 3점
　　❷ 10원짜리 동전 70개는 얼마인지 구하기 ▶ 2점

　　❶ 10원짜리 동전 10개는 100원입니다.
　　❷ 100원씩 7개 있는 것과 같으므로 700원입니다.
　　답 700원

20 ❶ 숫자 5가 나타내는 값 각각 구하기 ▶ 3점
　　❷ 숫자 5가 나타내는 값이 더 큰 수 찾기 ▶ 2점

　　❶ 숫자 5가 나타내는 값을 각각 구하면
　　659 → 50, 235 → 5입니다.
　　❷ 50>5이므로 숫자 5가 나타내는 값이
　　더 큰 수는 659입니다.
　　답 659

03 100이 4개이면 ~~40~~입니다. (×)
　　　　　　　　　400

---

05 5 3 7
　　→ 백의 자리 숫자, 500
　　→ 십의 자리 숫자, 30
　　→ 일의 자리 숫자, 7

07 백의 자리 수가 같으므로 십의 자리 수를 비교합니다.
　　824 > 819
　　　2>1

08 100이 3개, 1이 8개이면 308입니다.

09 6은 백의 자리 숫자이므로 600을 나타냅니다.

10 100이 4개이면 400 ┐
　　10이 9개이면　90 ├→ 498(사백구십팔)
　　1이 8개이면　　8 ┘

11 십의 자리 숫자가 1씩 커지므로 10씩 뛰어 센 것입니다.

12 주경: 10씩 뛰어 세면 십의 자리 숫자가 1씩 커집니다.

13 168<256이므로 국어책의 쪽수가 더 많습니다.

14 100씩 거꾸로 뛰어 세면 백의 자리 숫자가 1씩 작아집니다.

15 백의 자리 수를 비교하면 509가 가장 작습니다.
　　720과 718은 백의 자리 수가 같으므로 십의 자리 수를 비교하면 720>718입니다.
　　→ 509<718<720

16 숫자 3이 나타내는 값을 각각 구합니다.
　　307 → 300　　273 → 3　　534 → 30
　　813 → 3　　630 → 30　　375 → 300

17 백의 자리, 십의 자리 수가 각각 같으므로 일의 자리 수를 비교합니다.
　　42□>427에서 □ 안에는 7보다 큰 수가 들어가야 하므로 8, 9가 들어갈 수 있습니다.

18 가장 큰 세 자리 수는 높은 자리부터 큰 수를 차례로 놓아 만듭니다. 8>5>3이므로 만들 수 있는 가장 큰 세 자리 수는 853입니다.

2 여러 가지 도형

032쪽 **1STEP 교과서 개념 잡기**

1 (1) 삼각형 / 3
  (2) 사각형 / 4

2
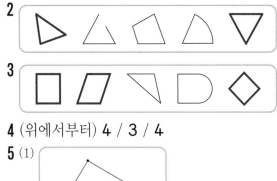

3
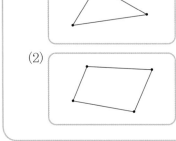

4 (위에서부터) 4 / 3 / 4

5 (1)

  (2)

2 곧은 선 **3**개로 이루어진 도형을 모두 찾습니다.

> **참고** 다른 도형이 삼각형이 아닌 이유
> • 두 번째 도형: 삼각형은 끊어진 부분이 없어야 합니다.
> • 세 번째 도형: 곧은 선 **3**개가 아닌 곧은 선 **4**개로 이루어져 있습니다.
> • 네 번째 도형: 삼각형은 굽은 선이 없어야 합니다.

3 곧은 선 **4**개로 이루어진 도형을 모두 찾습니다.

> **참고** 다른 도형이 사각형이 아닌 이유
> • 세 번째 도형: 곧은 선 **4**개가 아닌 곧은 선 **3**개로 이루어져 있습니다.
> • 네 번째 도형: 사각형은 굽은 선이 없어야 합니다.

4 • 삼각형은 변이 **3**개, 꼭짓점이 **3**개입니다.
   • 사각형은 변이 **4**개, 꼭짓점이 **4**개입니다.

5 (1) 점과 점 사이를 곧은 선으로 이어 **3**개의 변으로 이루어진 도형을 그립니다.
   (2) 점과 점 사이를 곧은 선으로 이어 **4**개의 변으로 이루어진 도형을 그립니다.

> **주의** 곧은 선끼리 서로 엇갈리지 않도록 그립니다.

034쪽 **1STEP 교과서 개념 잡기**

1 원 / 동그란
2 ( )( )(◯)
3 가, 라
4 (1)

  (2)

5 (1) ◯ (2) × (3) ◯ (4) ×
6 **예**

2 컵을 본떠서 그리면 원이 그려집니다.

3 동그란 모양이 있는 물건을 찾으면 가, 라입니다.

4 어느 쪽에서 보아도 똑같이 동그란 모양의 도형을 찾습니다.

> **참고** 원의 특징
> • 원은 뾰족한 부분과 곧은 선이 없습니다.
> • 원은 크기가 서로 달라도 생긴 모양은 서로 같습니다.

5 (1) 원은 굽은 선으로 이어져 있습니다. (◯)
   (2) 원은 크기는 서로 다르지만 생긴 모양이 서로 같습니다. (×)
   (3) 원은 완전히 동그란 모양입니다. (◯)
   (4) 원은 뾰족한 부분이 없습니다. (×)

6 원을 본뜨고자 하는 물건이 움직이지 않도록 한 다음, 연필과 물건의 끝을 잘 맞추어서 그립니다.

> **참고** 종이컵, 모양 자, 반지 등을 이용하여 원을 그릴 수 있습니다.

036쪽 **2STEP 수학익힘 문제 잡기**

01

02 ( )( )(◯)

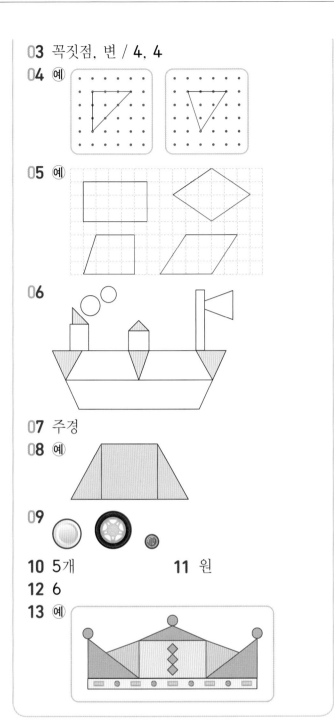

03 꼭짓점, 변 / 4, 4

04 예

05 예

06

07 주경

08 예

09

10 5개   **11** 원

12 6

13 예

---

01 곧은 선 **3**개로 이루어진 도형을 모두 찾습니다.

02 첫 번째 도형은 변과 꼭짓점이 **4**개보다 많으므로 사각형이 아닙니다.
두 번째 도형은 곡선이 있으므로 사각형이 아닙니다.

03 사각형에서 곧은 선을 변, 곧은 선 **2**개가 만나는 점을 꼭짓점이라고 합니다.

04 주어진 선을 한 변으로 하고, 나머지 두 변을 정하여 **3**개의 변으로 둘러싸인 도형을 그립니다.

05 **4**개의 변으로 둘러싸인 도형을 그립니다.

<참고> 모눈종이 위의 선을 따라 그리지 않아도 다양한 모양의 사각형을 그릴 수 있습니다.

06 곧은 선 **3**개로 이루어진 도형을 모두 찾아 색칠합니다.

07 규민: 삼각형과 사각형에는 둥근 부분이 없습니다.

08 **3**개의 변으로 둘러싸인 도형 **2**개와 **4**개의 변으로 둘러싸인 도형 **1**개가 되도록 선을 그어 봅니다.

다른 풀이

09 원 모양을 찾아 원을 그려 봅니다.

10 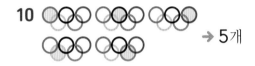 → 5개

11 원은 곧은 선이 없고, 굽은 선으로 이어져 있습니다.
동전을 본떠 그릴 수 있는 도형은 원입니다.

12 원 안에 있는 수를 찾으면 **5**와 **1**입니다.
→ (원 안에 있는 수의 합)=**5**+**1**=**6**

13 크고 작은 삼각형, 사각형, 원 모양을 여러 개 이용하여 왕관을 꾸며 봅니다.

038쪽 **1STEP 교과서 개념 잡기**

1 ③, ⑤, ⑦ / ④, ⑥

2 예

삼각형	사각형

3 (○)( )   **4** (1) 2 (2) 2 (3) 2

5 (1)   (2) 예

6 예

개념책

2
단원

2. 여러 가지 도형 **07**

1 칠교 조각에는 삼각형이 5개, 사각형이 2개 있습니다.

2 ③, ⑤번 조각을 길이가 같은 변끼리 서로 맞닿게 붙여 삼각형과 사각형을 완성합니다.

3 오른쪽 모양은 두 조각을 모두 이용하여 사각형을 만든 것입니다.

5 칠교 두 조각을 길이가 같은 변끼리 서로 맞닿게 붙여서 사각형을 만듭니다.

6 ③, ⑤번 조각을 이용하여 ④번 조각을 만들 수 있습니다.

040쪽 1STEP 교과서 개념 잡기

1 앞 / 오른쪽

2

3 ( )( )(○)

4 ( )(○)( )(○)

5 2, '오른쪽'에 ○표

2 빨간색 쌓기나무를 기준으로 오른쪽에 있는 쌓기나무에 ○표 합니다.

3 • 첫 번째 모양: 빨간색 쌓기나무가 1개 있고, 그 오른쪽에 쌓기나무가 2개 있습니다. 그리고 빨간색 쌓기나무 위에 쌓기나무가 1개 있습니다.
   • 두 번째 모양: 빨간색 쌓기나무가 1개 있고, 그 뒤에 쌓기나무가 2개 있습니다. 그리고 빨간색 쌓기나무 왼쪽에 쌓기나무가 1개 있습니다.

4 각 모양에서 사용한 쌓기나무의 수를 세어 보면 다음과 같습니다.
   • 첫 번째 모양: 4개 • 두 번째 모양: 5개
   • 세 번째 모양: 3개 • 네 번째 모양: 5개

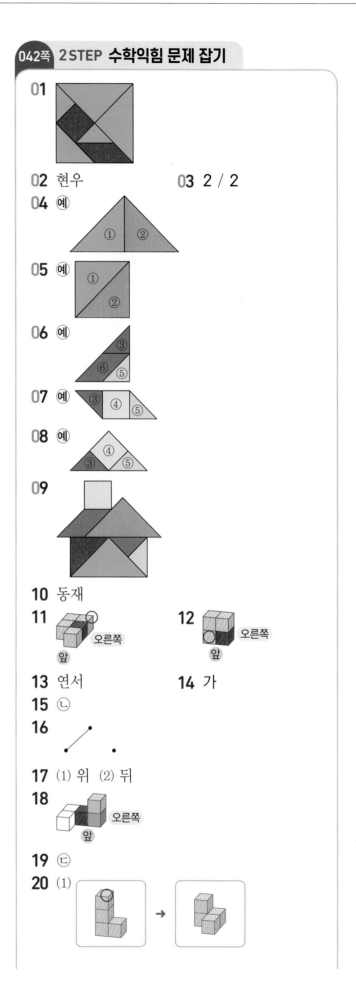

042쪽 2STEP 수학익힘 문제 잡기

02 현우   03 2 / 2

10 동재

13 연서   14 가

15 ㉡

17 (1) 위 (2) 뒤

19 ㉢

(2)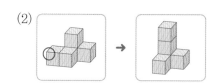

21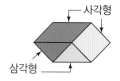
1층에 쌓기나무 **2개**가 옆으로 나란히 있고, 왼쪽 쌓기나무 오른쪽 위에 쌓기나무 **1개**가 있습니다. 2개

01 변과 꼭짓점이 **3개**인 조각 ➡ 삼각형(초록색)
변과 꼭짓점이 **4개**인 조각 ➡ 사각형(빨간색)

02 • 도율: 칠교 조각에는 삼각형, 사각형이 있습니다.
• 리아: 칠교 조각 중 사각형은 **2개**입니다.

03 **3개**의 변으로 둘러싸인 삼각형과 **4개**의 변으로 둘러싸인 사각형이 각각 몇 개인지 찾아봅니다.

04 두 삼각형 조각을 길이가 같은 변끼리 맞닿게 붙여서 삼각형을 만듭니다.

05 두 삼각형 조각을 길이가 같은 변끼리 맞닿게 붙여서 사각형을 만듭니다.

다른 풀이

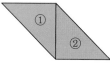 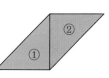

06 큰 조각인 사각형 조각 ⑥번을 먼저 놓고 나머지 삼각형 조각 ③, ⑤번을 놓아서 삼각형을 만듭니다.

다른 풀이

07 사각형 조각 ④번을 가운데에 놓고 양옆에 삼각형 조각 ③, ⑤번을 하나씩 놓아서 사각형을 만듭니다.

08 삼각형 조각 ③, ⑤번과 사각형 조각 ④번을 이용하여 만들 수 있습니다.

다른 풀이

09 큰 삼각형 조각을 먼저 놓고 나머지 조각을 놓습니다.

10 쌓기나무를 높이 쌓으려면 면과 면을 맞대어 반듯하게 쌓아야 합니다.
➡ 쌓기나무를 반듯하게 맞춰 쌓은 사람은 동재입니다.

11 빨간색 쌓기나무를 기준으로 앞과 뒤를 구분해 봅니다.

12 빨간색 쌓기나무를 기준으로 오른쪽과 왼쪽을 구분해 봅니다.

13 준호: 빨간색 쌓기나무 앞에 쌓기나무가 **1개** 있습니다.

14 가: 쌓기나무 **5개**로 만든 모양입니다.

15 ⓒ 쌓기나무 **5개**로 쌓은 모양입니다.
참고 쌓기나무 **3개**가 1층에 옆으로 나란히 있고, 맨 왼쪽 쌓기나무 위에 쌓기나무가 **2개** 있습니다.

16 오른쪽 모양: 쌓기나무 **3개**가 1층에 옆으로 나란히 있고, 맨 왼쪽과 맨 오른쪽 쌓기나무 위에 쌓기나무가 각각 **1개**씩 있습니다.

17 쌓기나무의 전체적인 모양, 쌓기나무의 수, 쌓기나무를 놓은 위치 등을 보고 알맞은 말을 고릅니다.

18 빨간색 쌓기나무의 오른쪽 쌓기나무에 파란색을 칠한 다음, 그 위의 쌓기나무에 초록색을 칠합니다.

19 빨간색 쌓기나무 **1개**가 있고, 그 왼쪽에 쌓기나무 **1개**가 있습니다. 그리고 빨간색 쌓기나무 뒤에 쌓기나무 **1개**가 있습니다.

20 (1) 왼쪽 모양에서 **3층**에 있는 쌓기나무를 **1층**의 오른쪽 쌓기나무 앞으로 옮깁니다.
(2) 왼쪽 모양에서 **1층**의 맨 왼쪽에 있는 쌓기나무를 **3층**으로 옮깁니다.

21 Ⅰ층에 쌓기나무 **2**개가 옆으로 나란히 있고, 오른쪽 쌓기나무 위에 쌓기나무 **2**개가 있습니다.

046쪽 **3STEP 서술형 문제 잡기**

※서술형 문제의 예시 답안입니다.

1 (1단계) **3, 4** (2단계) **3, 4, 7**
(답) **7**개

2 (1단계) 사각형의 변은 **4**개이고, 원의 꼭짓점은 **0**개입니다. ▶3점
(2단계) 사각형의 변의 수와 원의 꼭짓점의 수의 합은 **4+0=4**(개)입니다. ▶2점
(답) **4**개

3 (1단계) **5, 3** (2단계) 규민
(답) 규민

4 (1단계) 사용한 쌓기나무는 도율이가 **4**개, 리아가 **5**개입니다. ▶3점
(2단계) 도율이가 쌓기나무를 더 적게 사용했습니다. ▶2점
(답) 도율

5 (1단계) **4** (2단계) Ⅰ
(3단계) **4, Ⅰ, 5**
(답) **5**개

6 (1단계) 작은 도형 Ⅰ개로 이루어진 사각형은 **2**개입니다. ▶2점
(2단계) 작은 도형 **2**개로 이루어진 사각형은 Ⅰ개입니다. ▶2점
(3단계) 크고 작은 사각형은 모두 **2+Ⅰ=3**(개)입니다. ▶1점
(답) **3**개

7 (2단계) **2, 2**

8 (1단계) (예)
(2단계) 선을 따라 자르면 사각형이 **4**개 생깁니다.

8 채점 가이드 곧은 선을 그을 때는 선이 끊어지지 않고 종이를 나눌 수 있도록 그어야 합니다. 그은 선을 따라 자른 모양이 어떤 도형인지 알고 도형의 개수를 바르게 구했는지 확인합니다.

048쪽 **2단원 마무리**

01 가, 바 **02** 라, 사
03 다, 마 **04** 변, 꼭짓점 / 4, 4
05 ㉢ **06**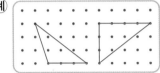
07 (예)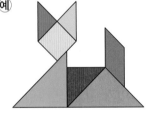

08 (예) 칠판, 교과서 **09** (○)( )
10 2 / Ⅰ **11**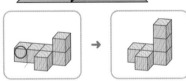
12 ( )(○) **13** ②
14 4, '위'에 ○표 **15** ④, ⑥
16 3개
17 (예)

18

서 술 형 ※서술형 문제의 예시 답안입니다.

19 ❶ 원의 변의 수와 삼각형의 꼭짓점의 수 알기 ▶3점
❷ 원의 변의 수와 삼각형의 꼭짓점의 수의 합 구하기 ▶2점

❶ 원의 변은 **0**개이고, 삼각형의 꼭짓점은 **3**개입니다.
❷ 원의 변의 수와 삼각형의 꼭짓점의 수의 합은 **0+3=3**(개)입니다.
(답) **3**개

20 ❶ 준호와 연서가 사용한 쌓기나무의 수 구하기 ▶3점
❷ 누가 쌓기나무를 더 적게 사용했는지 찾기 ▶2점

❶ 사용한 쌓기나무는 준호가 **5**개, 연서가 **4**개입니다.
❷ 연서가 쌓기나무를 더 적게 사용했습니다.
(답) 연서

01 곧은 선 **3**개로 이루어진 도형은 가, 바입니다.

02 곧은 선 **4**개로 이루어진 도형은 라, 사입니다.

03 어느 쪽에서 보아도 똑같이 동그란 모양의 도형은 다, 마입니다.

04 • 변: 곧은 선
• 꼭짓점: 곧은 선 **2**개가 만나는 점

05 ㉢ 원은 꼭짓점이 없습니다.

06 빨간색 쌓기나무를 기준으로 오른쪽과 왼쪽을 구분해 봅니다.

07 꼭짓점 **3**개를 정한 후 곧은 선으로 이어 삼각형을 그립니다.

08 주변의 물건 중에서 변이 **4**개, 꼭짓점이 **4**개인 도형을 찾아봅니다.

09 오른쪽 모양은 쌓기나무 **4**개로 만든 모양입니다.

10 **3**개의 변으로 둘러싸인 삼각형과 **4**개의 변으로 둘러싸인 사각형이 각각 몇 개인지 찾아봅니다.

11 큰 삼각형 조각 ⑦번을 먼저 놓고 작은 삼각형 조각 ③번을 놓습니다.

13 ① **5**개 ② **4**개 ③ **5**개 ④ **5**개 ⑤ **5**개

14 쌓기나무의 전체적인 모양, 쌓기나무의 수, 쌓기나무를 놓은 위치 등을 보고 알맞은 수와 말을 고릅니다.

15 사용한 조각들을 표시하여 확인해 보면 사용하지 않은 조각은 ④, ⑥번입니다.

16 선을 따라 자르면 사각형이 **3**개 생깁니다.

17 큰 삼각형 조각을 먼저 놓고 나머지 조각을 놓습니다.

18 왼쪽 모양에서 **1**층의 맨 왼쪽에 있는 쌓기나무를 **3**층으로 옮깁니다.

3 덧셈과 뺄셈

054쪽 **1STEP 교과서 개념 잡기**

1 13, 10 /

$$\begin{array}{r} \overset{1}{1}\,7 \\ +6 \\ \hline \end{array} \rightarrow \begin{array}{r} \overset{1}{1}\,7 \\ +6 \\ \hline 3 \end{array} \rightarrow \begin{array}{r} \overset{1}{1}\,7 \\ +6 \\ \hline 2\,3 \end{array}$$

2 (1) 22, 23, 24 / 24
(2) 예

| ○○○○○ | ○○○○○ | △△△△ |
| ○○○○○ | ○○○○△ | |

/ 24

3 (1) 15   (2) 5   (3) 45
4 (1) 20, 22   (2) 30, 31
5 (1) 23   (2) 45
6 (1) 81   (2) 72

1 ① 일의 자리 계산: **7+6=13**
② 십의 자리 계산: **1+1=2**

2 (1) **19**에서 **5**만큼 이어 세면 **20, 21, 22, 23, 24**입니다.
(2) **19**만큼 ○를 그린 다음 **5**만큼 △를 그리면 모두 **24**입니다.

3 일 모형 **10**개를 십 모형 **1**개로 바꾸면 십 모형 **4**개, 일 모형 **5**개가 됩니다.

4 (1) **9**를 **7**과 **2**로 가르기할 수 있습니다.
13에 **7**을 더한 다음 **2**를 더하면 **22**입니다.
(2) **7**을 **6**과 **1**로 가르기할 수 있습니다.
24에 **6**을 더한 다음 **1**을 더하면 **31**입니다.

5 일의 자리부터 같은 자리 수끼리 더합니다.

(1)
$$\begin{array}{r} \overset{1}{1}\,8 \\ +5 \\ \hline 2\,3 \end{array}$$
(2)
$$\begin{array}{r} \overset{1}{3}\,6 \\ +9 \\ \hline 4\,5 \end{array}$$

6 (1)
$$\begin{array}{r} \overset{1}{7}\,3 \\ +8 \\ \hline 8\,1 \end{array}$$
(2)
$$\begin{array}{r} \overset{1}{6}\,5 \\ +7 \\ \hline 7\,2 \end{array}$$

056쪽 1STEP 교과서 개념 잡기

1 11, 10 /

$$
\begin{array}{r} 3\ 6 \\ +\ 2\ 5 \\ \hline \end{array}
\rightarrow
\begin{array}{r} \overset{1}{3}\ 6 \\ +\ 2\ 5 \\ \hline 1 \end{array}
\rightarrow
\begin{array}{r} \overset{1}{3}\ 6 \\ +\ 2\ 5 \\ \hline 6\ 1 \end{array}
$$

2 (1) 39, 43 (2) 43
3 (1) 6 / 20 (2) (위에서부터) 50 / 14 / 64
4 (1) 82 (2) 90
5 (1) 83 (2) 73

1 ① 일의 자리 계산: $6+5=11$
　② 십의 자리 계산: $1+3+2=6$

2 (1) 14를 10과 4로 가르기하여 순서대로 더합니다.
　(2) 14에서 1을 옮겨 29를 30으로 만들어 더합니다.

3 36과 28을 각각 십의 자리 수와 일의 자리 수로 가르기하여 같은 모형끼리 더하여 구합니다.

4 일의 자리부터 같은 자리 수끼리 더합니다.
(1)
$$
\begin{array}{r} \overset{1}{4}\ 3 \\ +\ 3\ 9 \\ \hline 8\ 2 \end{array}
$$
(2)
$$
\begin{array}{r} \overset{1}{6}\ 3 \\ +\ 2\ 7 \\ \hline 9\ 0 \end{array}
$$

5 (1)
$$
\begin{array}{r} \overset{1}{4}\ 5 \\ +\ 3\ 8 \\ \hline 8\ 3 \end{array}
$$
(2)
$$
\begin{array}{r} \overset{1}{5}\ 7 \\ +\ 1\ 6 \\ \hline 7\ 3 \end{array}
$$

058쪽 1STEP 교과서 개념 잡기

1 13, 10 /

$$
\begin{array}{r} 5\ 3 \\ +\ 8\ 5 \\ \hline 8 \end{array}
\rightarrow
\begin{array}{r} \overset{1}{5}\ 3 \\ +\ 8\ 5 \\ \hline 3\ 8 \end{array}
\rightarrow
\begin{array}{r} \overset{1}{5}\ 3 \\ +\ 8\ 5 \\ \hline 1\ 3\ 8 \end{array}
$$

2 117
3 (1) 140 (2) 167
4 (1) 1 / 1, 3, 7 (2) 1 / 1, 1, 6
5 (○)(　)
6 (1) 135 (2) 143

1 ① 일의 자리 계산: $3+5=8$
　② 십의 자리 계산: $5+8=13$
　③ 백의 자리로 받아올림한 1은 그대로 내려 씁니다.

2 • 일의 자리: $3+4=7$
　• 십의 자리: $60+50=110$
　→ $63+54=7+110=117$

3 일 모형 10개는 십 모형 1개와 같고, 십 모형 10개는 백 모형 1개와 같습니다.

4 십의 자리 수끼리의 합이 10이거나 10보다 크면 10을 백의 자리로 받아올림하여 계산합니다.

5
$$
\begin{array}{r} \overset{1}{\ }\overset{1}{7}\ 8 \\ +\ 8\ 9 \\ \hline 1\ 6\ 7 \end{array}
$$

주의 받아올림한 수를 빠뜨리고 계산하지 않도록 주의합니다.

6 (1)
$$
\begin{array}{r} \overset{1}{\ }\ 4\ 2 \\ +\ 9\ 3 \\ \hline 1\ 3\ 5 \end{array}
$$
(2)
$$
\begin{array}{r} \overset{1}{\ }\overset{1}{8}\ 7 \\ +\ 5\ 6 \\ \hline 1\ 4\ 3 \end{array}
$$

060쪽 2STEP 수학익힘 문제 잡기

01 32
02 62
03 10
04
$$
\begin{array}{r} 4\ 9 \\ +\ \ 5 \\ \hline 5\ 4 \end{array}
,\quad
\begin{array}{r} 8 \\ +\ 4\ 3 \\ \hline 5\ 1 \end{array}
$$
/ (○)(　)
05 방법1 40, 79, 86
　　방법2 1, 40, 86
06 (1), (2), (3) 선으로 이음
07 82
08 72
09 93송이
10 (1) 148 (2) 133
11 103
12 75+50, 84+41에 색칠
13 107쪽
14 (위에서부터) 7, 2

01 일 모형 **4**개와 **8**개를 더하면 십 모형 **1**개와 일 모형 **2**개가 됩니다.

02
$$\begin{array}{r} {\scriptstyle 1}\quad\;\, \\ 5\,6 \\ +\quad 6 \\ \hline 6\,2 \end{array}$$

03 일의 자리 계산 **5+6=11**에서 **10**을 십의 자리로 받아올림한 것이므로 ⒈은 실제로 **10**을 나타냅니다.

04 · **49+5=54** · **8+43=51**
따라서 두 수의 합이 더 큰 것은 **49+5**입니다.

05 ⑴ **47**을 **40**과 **7**로 가르기하여 순서대로 더합니다.
⑵ **47**에서 **1**을 옮겨 **39**를 **40**으로 만들어 더합니다.

06 ⑴
$$\begin{array}{r} {\scriptstyle 1}\quad\;\, \\ 1\,6 \\ +2\,8 \\ \hline 4\,4 \end{array}$$
⑵
$$\begin{array}{r} {\scriptstyle 1}\quad\;\, \\ 3\,4 \\ +1\,9 \\ \hline 5\,3 \end{array}$$
⑶
$$\begin{array}{r} {\scriptstyle 1}\quad\;\, \\ 4\,3 \\ +1\,7 \\ \hline 6\,0 \end{array}$$

07 **37**보다 **45**만큼 더 큰 수
➔ **37+45=82**

08 십의 자리 계산을 할 때 일의 자리에서 받아올림한 수 **1**을 더하지 않았습니다.

09 (꽃밭에 있는 장미 수)
＝(빨간 장미 수)＋(노란 장미 수)
＝**77+16=93**(송이)

10 받아올림에 주의하여 일의 자리부터 같은 자리 수끼리 더합니다.

11
$$\begin{array}{r} {\scriptstyle 1\;1}\quad\;\, \\ 5\,5 \\ +4\,8 \\ \hline 1\,0\,3 \end{array}$$

12 · **61+54=115**   · **75+50=125**
· **92+23=115**   · **84+41=125**
➔ 계산 결과가 **125**인 것은 **75+50**, **84+41**입니다.

13 (어제와 오늘 읽은 동화책 쪽수)
＝(어제 읽은 동화책 쪽수)
＋(오늘 읽은 동화책 쪽수)
＝**42+65=107**(쪽)

14 일의 자리 수끼리의 합이 **11**이 되기 위해서는 **7**에 **4**를 더해야 합니다. 받아올림한 수 **1**과 십의 자리 수끼리의 합이 **11**이 될 수 있는 수는 **2**입니다.

062쪽 1STEP 교과서 개념 잡기

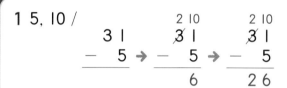

1 **5, 10** /

2 ⑴ **8, 9** / **8**
⑵ 예

3 ⑴ **10** ⑵ **6** ⑶ **26**
4 ⑴ **20, 17** ⑵ **30, 28**
5 ⑴ **63** ⑵ **48**
6 ⑴ **19** ⑵ **55**

1 ① 일의 자리 계산: **10+1−5=6**
② 십의 자리 계산: **3−1=2**

2 ⑴ **12**에서 **4**만큼 거꾸로 세면 **11, 10, 9, 8**입니다.
⑵ **12**만큼 ◯를 그린 다음 **4**만큼 /으로 지우면 **8**입니다.

3 십 모형 **2**개와 일 모형 **6**개가 남으므로 **26**입니다.

4 ⑴ **7**을 **4**와 **3**으로 가르기할 수 있습니다.
24에서 **4**를 뺀 다음 **3**을 빼면 **17**입니다.
⑵ **8**을 **6**과 **2**로 가르기할 수 있습니다.
36에서 **6**을 뺀 다음 **2**를 빼면 **28**입니다.

5 일의 자리 수끼리 뺄 수 없으면 십의 자리에서
10을 받아내림하여 계산합니다.

(1)
```
   6 10
   7 2
 -   9
 ─────
   6 3
```
(2)
```
   4 10
   5 4
 -   6
 ─────
   4 8
```

6 (1)
```
   1 10
   2 2
 -   3
 ─────
   1 9
```
(2)
```
   5 10
   6 1
 -   6
 ─────
   5 5
```

064쪽 **1STEP 교과서 개념 잡기**

1 5, 10 /
```
   3 0      2 10      2 10
           3 0       3 0
 - 1 5  →  - 1 5  →  - 1 5
                       5        1 5
```

2 (1) 40, 31 (2) 31

3 (1) 30 / 4   (2) (위에서부터) 10 / 6 / 16

4 (1) 42 (2) 37

5 (1) 34 (2) 48

1 ① 일의 자리 계산: $10-5=5$
② 십의 자리 계산: $3-1-1=1$

2 (1) 19를 10과 9로 가르기하여 순서대로 뺍니다.
(2) 50과 19에 각각 1을 더하여 50을 51, 19
를 20으로 나타내 뺍니다.

3 40과 24를 각각 십의 자리 수와 일의 자리 수
로 가르기하여 같은 모형끼리 빼서 구합니다.

4 일의 자리 수끼리 뺄 수 없으면 십의 자리에서
10을 받아내림하여 계산합니다.

(1)
```
   5 10
   6 0
 - 1 8
 ─────
   4 2
```
(2)
```
   7 10
   8 0
 - 4 3
 ─────
   3 7
```

---

5 (1)
```
   6 10
   7 0
 - 3 6
 ─────
   3 4
```
(2)
```
   8 10
   9 0
 - 4 2
 ─────
   4 8
```

066쪽 **1STEP 교과서 개념 잡기**

1 8, 10 /
```
   5 6      4 10      4 10
           5 6       5 6
 - 2 8  →  - 2 8  →  - 2 8
                       8       2 8
```

2 18

3 (1) 16 (2) 27

4 (1)
```
   4 10
   5 1
 - 1 6
 ─────
   3 5
```
(2)
```
   8 10
   9 3
 - 6 4
 ─────
   2 9
```

5 ( )(○)

6 (1) 28 (2) 46

1 ① 일의 자리 계산: $10+6-8=8$
② 십의 자리 계산: $5-1-2=2$

2 • 일의 자리: $12-4=8$
• 십의 자리: $40-30=10$
→ $52-34=8+10=18$

3 일 모형끼리 뺄 수 없으면 십 모형 1개를 일 모
형 10개로 바꾸어 계산합니다.

4 받아내림에 주의하여 일의 자리부터 계산합니다.

5
```
   7 10
   8 2
 - 5 7
 ─────
   2 5
```

주의 일의 자리로 받아내림한 후에는 반드시 십의 자리에
서 1을 빼도록 주의합니다.

6 (1)
$$\begin{array}{r} \overset{5}{\cancel{6}}\overset{10}{4} \\ -\;3\;6 \\ \hline 2\;8 \end{array}$$

(2)
$$\begin{array}{r} \overset{6}{\cancel{7}}\overset{10}{5} \\ -\;2\;9 \\ \hline 4\;6 \end{array}$$

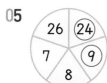 068쪽 **2STEP 수학익힘 문제 잡기**

01 24

02 (1) 39 (2) 57

03 46

04 >

05

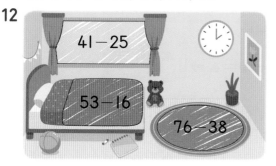
26 (24)
7   (9)
8

06 방법1 10, 50, 43
방법2 20, 43

07 (1) 16 (2) 45 (3) 32

08 70−39에 ○표

09 37장

10 (1) 22 (2) 17

11 (위에서부터) 46, 37, 27, 18

12

41−25

53−16

76−38

13 14명

14 35, 46

01 일 모형 **3**개에서 **9**개를 뺄 수 없으므로 십 모형 **1**개를 일 모형 **10**개로 바꿉니다.
일 모형 **13**개에서 **9**개를 빼면 **4**개가 남습니다.
십 모형 **2**개와 일 모형 **4**개이므로 **24**입니다.

02 (1)
$$\begin{array}{r} \overset{3}{\cancel{4}}\overset{10}{6} \\ -\;\;\;7 \\ \hline 3\;9 \end{array}$$

(2)
$$\begin{array}{r} \overset{5}{\cancel{6}}\overset{10}{2} \\ -\;\;\;5 \\ \hline 5\;7 \end{array}$$

03
$$\begin{array}{r} \overset{4}{\cancel{5}}\overset{10}{4} \\ -\;\;\;8 \\ \hline 4\;6 \end{array}$$

04
$$\begin{array}{r} \overset{5}{\cancel{6}}\overset{10}{1} \\ -\;\;\;4 \\ \hline 5\;7 \end{array}$$
$$\begin{array}{r} \overset{5}{\cancel{6}}\overset{10}{5} \\ -\;\;\;9 \\ \hline 5\;6 \end{array}$$

05 두 수의 차가 **15**이므로 받아내림을 하여 일의 자리 수끼리의 차가 **5**가 되는 수를 찾습니다.
· 26−7=19   · 24−7=17
· 26−8=18   · 24−8=16
· 26−9=17   · 24−9=15(○)
따라서 맞힌 두 수는 **24**와 **9**입니다.

06 (1) **17**을 **10**과 **7**로 가르기하여 순서대로 뺍니다.
(2) **60**과 **17**에 각각 **3**을 더하여 **60**을 **63**, **17**을 **20**으로 나타내 뺍니다.

07 (3)
$$\begin{array}{r} \overset{7}{\cancel{8}}\overset{10}{0} \\ -\;4\;8 \\ \hline 3\;2 \end{array}$$

08 · 50−26=24   · 40−28=12
· 70−39=31(○)   · 60−41=19

09 (남는 색종이의 수)
=(영우가 가지고 있는 색종이의 수)
−(사용할 색종이의 수)
=50−13=37(장)

10 십의 자리에서 **10**을 일의 자리로 받아내림하고, 남은 십의 자리 수끼리 뺄셈을 하여 십의 자리에 씁니다.

11
$$\begin{array}{r} \overset{8}{\cancel{9}}\overset{10}{2} \\ -\;4\;6 \\ \hline 4\;6 \end{array}$$
$$\begin{array}{r} \overset{5}{\cancel{6}}\overset{10}{5} \\ -\;2\;8 \\ \hline 3\;7 \end{array}$$
$$\begin{array}{r} \overset{8}{\cancel{9}}\overset{10}{2} \\ -\;6\;5 \\ \hline 2\;7 \end{array}$$
$$\begin{array}{r} \overset{3}{\cancel{4}}\overset{10}{6} \\ -\;2\;8 \\ \hline 1\;8 \end{array}$$

12 두 수의 차는 다음과 같습니다.
· 62−25=37   · 54−38=16
· 87−49=38   · 53−16=37
· 41−25=16   · 76−38=38

13 **1**관의 입장객은 **2**관의 입장객보다
92−78=14(명) 더 많습니다.

14 81에서 뺀 계산 결과가 더 큰 수가 되려면 더 작은 두 자리 수를 만들어 빼야 합니다.
만들 수 있는 더 작은 두 자리 수: 35
→ $81-35=46$

070쪽 1STEP 교과서 개념 잡기

1 (계산 순서대로) ① 41 ② 29, 29 /
41, 41, 29
2 (계산 순서대로) ① 18 ② 33, 33 /
18, 18, 33
3 (○)( )
4 (계산 순서대로) ⑴ 80, 80, 73 / 73
⑵ 44, 44, 63 / 63
5 ⑴ 38 ⑵ 93 ⑶ 39 ⑷ 41
6 72

---

1 세 수의 계산은 앞에서부터 두 수씩 차례로 계산합니다.

3 덧셈과 뺄셈이 섞여 있는 세 수의 계산은 앞에서부터 두 수씩 차례로 계산합니다.

$$84-27+19=76 \qquad 84-27+19=38$$
57
76
(○)
46
38
(×)

5 ⑴ $63+8-33=38$ ⑵ $80-26+39=93$
71
38
54
93

⑶ $58+17-36=39$ ⑷ $70-41+12=41$
75
39
29
41

6 $51-17+38=72$
34
72

072쪽 1STEP 교과서 개념 잡기

1 15 / 9
2 11 / 11
3 15, 12 / 12, 15
4 17, 31 / 31
5 ⑴ 34 / 50, 34
⑵ 62, 18 / 62, 18
6 ⑴ 27 / 8, 27
⑵ 29, 52 / 29, 52

---

1 $15+9=24$ $15+9=24$
$24-15=9$ $24-9=15$

2 $16-11=5$ $16-11=5$
$5+11=16$ $11+5=16$

3 덧셈식을 보고 2개의 뺄셈식으로 나타낼 수 있습니다.

$$■+●=▲ \rightarrow \left[\begin{array}{l} ▲-■=● \\ ▲-●=■ \end{array} \right.$$

4 뺄셈식을 보고 2개의 덧셈식으로 나타낼 수 있습니다.

$$♥-★=◆ \rightarrow \left[\begin{array}{l} ◆+★=♥ \\ ★+◆=♥ \end{array} \right.$$

5 ⑴ $34+16=50$ $34+16=50$
$50-34=16$ $50-16=34$

⑵ $44+18=62$ $44+18=62$
$62-44=18$ $62-18=44$

6 ⑴ $27-8=19$ $27-8=19$
$19+8=27$ $8+19=27$

⑵ $52-29=23$ $52-29=23$
$23+29=52$ $29+23=52$

1 5　**2** 6

3
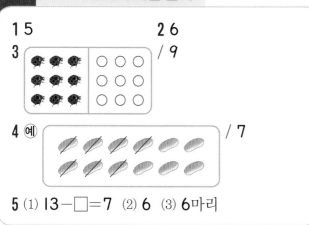
/ 9

4 예 / 7

5 (1) 13−□=7　(2) 6　(3) 6마리

1 덧셈식에서 더하는 수인 ? 의 값을 구할 때는 뺄셈식으로 바꿉니다.

2 뺄셈식에서 빼는 수인 ? 의 값을 구할 때는 또 다른 뺄셈식으로 바꿉니다.

3 9개에 9개를 더 그리면 18개가 됩니다.
9+□=18 → 18−9=□, □=9

4 12개에서 7개를 지우면 5개가 됩니다.
12−□=5 → 12−5=□, □=7

5 (1) 날아간 잠자리의 수를 □로 하여 뺄셈식으로 나타냅니다. → 13−□=7
(2) 13−□=7 → 13−7=□, □=6

01 (1) 48　(2) 44　　**02** 54
03 95　　　　　　　**04** 92
05 82−39+28=71
①　43
②　71
06 (　)(○)
07 56, 35, 58, 61 / 일, 석, 이, 조
08 81−28+39=92 / 92개
09 56대　　　　**10** 예 36, 15, 13 / 38

11 9 / 5 / 9　　　　**12** 주경
13 (1) 7, 23　(2) 19, 43
14 29 / 29, 92
15 (왼쪽에서부터) 예 5+11=16 /
16−5=11 / 16−11=5
16 (왼쪽에서부터) 예 6−2=4 /
4+2=6 / 2+4=6
17 (○)(　)
18 26+□=35 / 9
19 14−□=7 / 7
20 9+□=16 / 7
21 10−□=7 / 3
22 (1) 29　(2) 24
23 (1) ⤬
(2) ⤬
24 14−□=6 / 8
25 예 □−3=9 / 12

01 (1) 32+29−13=48
61
48
(2) 50−34+28=44
16
44

02 47+25−18=54
72
54

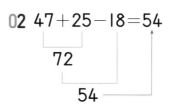

03 58+25+12=83+12=95

04 ●=42+19−15=61−15=46
◆=42−15+19=27+19=46
→ ●+◆=46+46=92

05 덧셈과 뺄셈이 섞여 있는 세 수의 계산은 앞에서 부터 두 수씩 차례로 계산해야 합니다.

06 ・$46+28-35=74-35=39$
  ・$31-15+24=16+24=40$
  → $39<40$이므로 계산 결과가 더 큰 식은
  $31-15+24$입니다.

07 세 수의 계산은 앞에서부터 두 수씩 차례로 계산
  합니다.

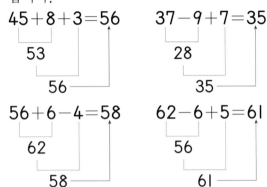

$45+8+3=56$ $37-9+7=35$
  53   28
  56   35

$56+6-4=58$ $62-6+5=61$
  62   56
  58   61

08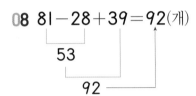
$81-28+39=92$(개)
  53
  92

09 $45+27-16=56$(대)
  72
  56

10 $36>15>13$이므로
  $36+15-13=51-13=38$입니다.

12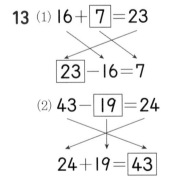
$42-19=23$ ⟨ $23+19=42$
  $19+23=42$

13 (1) $16+\boxed{7}=23$
  $\boxed{23}-16=7$

  (2) $43-\boxed{19}=24$
  $24+19=\boxed{43}$

14 ■$-$▲$=$● → ●$+$▲$=$■

15 만들 수 있는 덧셈식은 $5+11=16$,
  $11+5=16$입니다.

16 만들 수 있는 뺄셈식은 $6-2=4$, $6-4=2$
  입니다.

17 더 받은 색연필의 수를 □로 하여 덧셈식으로 나
  타내면 $12+□=15$입니다.

18 $26+□=35$ → $35-26=□$, $□=9$

19 $14-□=7$ → $14-7=□$, $□=7$

20 $9+□=16$ → $16-9=□$, $□=7$

21 $10-□=7$ → $10-7=□$, $□=3$

22 (1) $83-□=54$ → $83-54=□$, $□=29$
  (2) $37+□=61$ → $□=61-37$, $□=24$

23 (1) $6+□=14$ → $□=14-6=8$
  $□+3=11$ → $□=11-3=8$
  (2) $8+□=15$ → $□=15-8=7$
  $□+5=12$ → $□=12-5=7$

24 $14-□=6$ → $14-6=□$, $□=8$

25 $□-3=9$ → $9+3=□$, $□=12$
  참고 $□-9=3$으로 나타낼 수도 있습니다.

080쪽 3STEP 서술형 문제 잡기

※서술형 문제의 예시 답안입니다.

1 (1단계) 83, 80, 92
  (2단계) 80, 83, 92, ㉡
  답 ㉡

2 (1단계) ㉠ $45-19=26$, ㉡ $60-32=28$
  ㉢ $57-28=29$ ▶3점
  (2단계) $29>28>26$이므로 계산 결과가 가장
  큰 것은 ㉢입니다. ▶2점
  답 ㉢

3 (1단계) 16, 45, 16, 29
  (2단계) 29, 74
  답 74개

4 (1단계) (사과의 수)=(귤의 수)-28
         $=76-28=48$(개) ▶2점
  (2단계) (귤과 사과 수의 합)=$76+48$
         $=124$(개) ▶3점
  답 124개

5 (1단계) 27, 61　　(2단계) 61, 27, 34
　(답) 34

6 (1단계) 어떤 수를 □로 하여 뺄셈식을 만들면
　　□−16=48입니다. ▶3점
　(2단계) 만든 뺄셈식을 덧셈식으로 나타내면
　　48+16=□, □=64입니다. ▶2점
　(답) 64

7 (1단계) +, 16, −, 11　(2단계) 44
　(답) 44

8 (1단계) (예) 17, '더하고'에 ○표, 15, '뺄'에 ○표 /
　　+, 17, −, 15
　(2단계) 66
　(답) 66

7 39+16−11=55−11=44

8 (채점 가이드) 수와 연산 기호의 위치를 바꾸어 여러 가지 세 수의 계산식을 만들 수 있습니다. 카드를 일부만 사용하거나 같은 카드를 반복해서 사용하지 않도록 주의합니다.

082쪽 ## 3단원 마무리

01 43

02
$$\begin{array}{r} 4\,2 \\ -\ \ 6 \\ \hline \end{array} \rightarrow \begin{array}{r} {}^{3}\!\!\!\!\diagup^{10} \\ \cancel{4}\,2 \\ -\ \ 6 \\ \hline 6 \end{array} \rightarrow \begin{array}{r} {}^{3}\!\!\!\!\diagup^{10} \\ \cancel{4}\,2 \\ -\ \ 6 \\ \hline 3\,6 \end{array}$$

03 84　　　　**04** 60, 84, 92
05 ④　　　　**06** 111 / 17
07 (1) •╲╱•
　(2) •╱╲•
　(3) • •
09 125　　　　**10** ㉡
11 58, 85 / 58, 85　**12** 16 / 16
13 (예) 28, 16, 44 / (예) 44, 28, 16
14 24, 39　　　**15** 3+□=7 / 4
16 (위에서부터) 4, 1　**17** 31명
18 76, 104

---

19 ❶ 주원이가 사용한 색종이의 수 구하기 ▶2점
　❷ 현지와 주원이가 사용한 색종이 수의 합 구하기 ▶3점

　❶ (주원이가 사용한 색종이의 수)
　　=25−7=18(장)
　❷ (현지와 주원이가 사용한 색종이 수의 합)
　　=25+18=43(장)
　(답) 43장

20 ❶ 어떤 수를 □로 하여 덧셈식 만들기 ▶3점
　❷ 어떤 수 구하기 ▶2점

　❶ 어떤 수를 □로 하여 덧셈식을 만들면
　　□+48=73입니다.
　❷ 만든 덧셈식을 뺄셈식으로 나타내면
　　73−48=□이므로 □=25입니다.
　(답) 25

01 일 모형 4개와 9개를 더한 것을 십 모형 1개와 일 모형 3개로 나타낼 수 있습니다.
따라서 34+9는 십 모형 4개와 일 모형 3개이므로 43입니다.

02 일의 자리 수끼리 뺄 수 없으면 십의 자리에서 10을 일의 자리로 받아내림하여 계산합니다.

03 일의 자리 수끼리 더하여 10이거나 10보다 크면 10을 십의 자리로 받아올림하여 계산합니다.

04 68을 60과 8로 가르기하여 차례로 더합니다.

05 일의 자리 계산 5+7=12에서 10을 십의 자리로 받아올림한 것이므로 □은 실제로 10을 나타냅니다.

06 합:
$$\begin{array}{r} {}^{1}\ {}^{1} \\ 6\,4 \\ +\ 4\,7 \\ \hline 1\,1\,1 \end{array}$$
차:
$$\begin{array}{r} {}^{5}\!\!\!\!\diagup^{10} \\ \cancel{6}\,4 \\ -\ 4\,7 \\ \hline 1\,7 \end{array}$$

07 (1)
$$\begin{array}{r} {}^{1} \\ 2\,5 \\ +\ \ 9 \\ \hline 3\,4 \end{array}$$
(2)
$$\begin{array}{r} {}^{4}\!\!\!\!\diagup^{10} \\ \cancel{5}\,2 \\ -\ \ 6 \\ \hline 4\,6 \end{array}$$
(3)
$$\begin{array}{r} {}^{2}\!\!\!\!\diagup^{10} \\ \cancel{3}\,3 \\ -\ \ 7 \\ \hline 2\,6 \end{array}$$

08
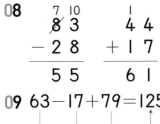

$$63-17+79=125$$

09 $63-17+79=125$
  46
  125

10 ㉡ $35+27=62$

11 $85-27=58$ $85-27=58$
   $58+27=85$ $27+58=85$

12 8에서 오른쪽으로 16을 더 가면 24가 됩니다.
   $8+\square=24$ ➡ $24-8=\square$, $\square=16$

13 • 덧셈식: $28+16=44$ 또는 $16+28=44$
   • 뺄셈식: $44-28=16$ 또는 $44-16=28$

14 $39+24=63$
   $63-39=24$

15 모르는 토마토의 수를 $\square$로 하여 덧셈식으로 나타내면
   $3+\square=7$ ➡ $7-3=\square$, $\square=4$입니다.

16
```
  1 1
    7 3
  + ㉠ 8
  ─────
  1 2 ㉡
```
   • 일의 자리 계산: $3+8=11$, ㉡$=1$
   • 십의 자리 계산: $1+7+$㉠$=12$, ㉠$=4$

17 $46+34-49=31$(명)
   80
   31

18 두 자리 수의 합이 가장 크려면 십의 자리 수의
   합이 커야 하므로 7$\square$와 28을 더해야 합니다.
   $76+28=104$, $74+28=102$,
   $71+28=99$이므로 계산 결과가 가장 큰 수가
   되는 덧셈식은 $76+28=104$입니다.

4 길이 재기

088쪽 1STEP 교과서 개념 잡기

1 7, 4   **2** ( )(○)
3 14
4 (1) ( )(○)   (2) (○)( )
5 6, 4   **6** '예지'에 ○표

2 나뭇잎을 따지 않고 길이를 비교해야 하므로 맞
   대어 비교할 수 없습니다.

3 크레파스를 14개 이어 놓으면 줄넘기의 끝에 닿
   게 되므로 크레파스로 14번입니다.

6 단위의 길이가 짧을수록 잰 횟수는 많고, 단위의
   길이가 길수록 잰 횟수는 적습니다.

090쪽 1STEP 교과서 개념 잡기

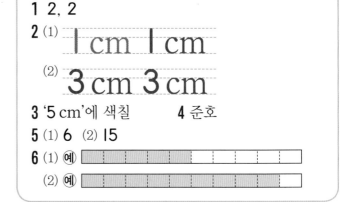

1 2, 2
2 (1) |cm |cm
   (2) 3cm 3cm
3 '5 cm'에 색칠   **4** 준호
5 (1) 6 (2) 15
6 (1) 예
   (2) 예

1 1 cm가 2번이므로 2 cm이고, 2 센티미터라고
   읽습니다.

2 cm를 쓰는 순서를 생각하며 숫자는 크게, cm
   는 작게 씁니다.

3 지우개마다 길이가 다르므로 정확한 길이를 알
   수 없습니다.

4 엄지손톱의 너비가 1 cm 정도이므로 엄지손톱의
   너비와 비슷한 구슬의 길이가 1 cm 정도 됩니다.

5 (1) ■cm는 |cm가 ■번입니다.
(2) |cm가 ■번이면 ■cm입니다.

6 (1) 5cm는 |cm가 5번인 길이이므로 5칸을 색칠합니다.
(2) 9cm는 |cm가 9번인 길이이므로 9칸을 색칠합니다.

---

01 ( )(○)
( )(△)

02 6, 4

03 가

04 ㉡

05 단우

06 |번

07 지팡이

08 3번

09 가

10 빨간색

11 우영

12 쓰레받기, 빗자루, 대걸레

13 ( )(○)

14

15 6 / **6 cm**

16 예 콩, 공깃돌

17 (1)·   ·
(2)·   ·
(3)·   ·

18 ㉠, ㉢

19 연서

20 예

21 15번

22 5, 8

23 '9 cm'에 색칠

24 10 cm

---

01 가장 긴 것은 연필, 가장 짧은 것은 나사못입니다.

02 필통의 긴 쪽의 길이는 클립 6개 또는 풀 4개를 이은 길이와 같습니다.

03 직접 비교할 수 없는 길이는 다른 물건을 이용하여 비교할 수 있습니다.

04 휴대 전화의 짧은 쪽의 길이는 한 걸음의 길이보다 짧으므로 길이를 재기 알맞은 단위는 엄지손가락의 너비입니다.

05 종이띠의 길이를 주어진 실핀으로 재어 보면 각각 단우: 5번, 나래: 4번입니다.

06 짧은 쪽: 3번, 긴 쪽: 4번 → 4-3=|(번)

07 단위의 길이가 길수록 잰 횟수는 적습니다.
물건의 길이를 비교하면 성냥개비<볼펜<지팡이이므로 잰 횟수가 가장 적은 물건은 지팡이입니다.

08 빗의 길이는 누름 못 9개의 길이와 같고,
누름 못 3개의 길이는 지우개 |개의 길이와 같습니다.
→ 빗의 길이는 지우개로 3번입니다.

09 사용한 모형의 수를 세면 가: 3개, 나: 4개입니다.
→ 3<4이므로 가의 길이가 더 짧습니다.

10 잰 횟수가 같으므로 길이를 잰 단위의 길이를 비교합니다.
물병의 긴 쪽>볼펜 뚜껑이므로 빨간색 끈의 길이가 더 깁니다.

11 서 있는 위치가 달라 직접 비교할 수 없습니다.
다른 물건을 이용하여 길이를 비교하면 우영이의 키가 파란색 막대보다 큽니다.

12 같은 단위로 길이를 잴 때 잰 횟수가 적을수록 길이가 짧습니다. 2<4<6이므로 길이가 짧은 것부터 쓰면 쓰레받기, 빗자루, 대걸레입니다.

13 뼘은 사람에 따라 그 길이가 다릅니다. cm로 나타내는 것이 더 정확합니다.

14 |cm 정도의 물건을 생각하여 선을 긋습니다.

15 |cm가 6번이므로 6cm입니다.

16 콩, 공깃돌, 엄지손톱, 구슬 등이 있습니다.

17 |cm가 ■번=■cm=■ 센티미터

18 ⓒ 숟가락의 길이가 다르므로 잰 횟수가 같다고 같은 길이를 나타냈는지 알 수 없습니다.

19 1 cm는 누가 재어도 같은 길이를 말하므로 가장 정확하게 말한 사람은 연서입니다.

20 작은 눈금 1칸의 길이가 1 cm이므로 4 cm는 작은 눈금 4칸만큼 긋습니다.

21 15 cm는 1 cm가 15번입니다.

22 · 5 cm는 1 cm가 5번입니다. ➡ ㉠=5
· 8 센티미터는 8 cm입니다. ➡ ㉡=8

23 1 cm가 7번이면 7 cm입니다.
➡ 9 cm>7 cm

24 1 cm로 10번이므로 빨간색 선의 길이는 10 cm입니다.

096쪽 1STEP 교과서 개념 잡기

1 6, 6   **2** 5, 5
3 (   )(○)(   )   **4** (1) 3 (2) 5
5 (1) 4 (2) 2   **6** 9 cm

3 한쪽 끝을 눈금에 정확히 맞추고, 물건과 자를 나란히 놓고 재어야 합니다.

4 한쪽 끝을 눈금 0에 맞춘 경우 다른 쪽 끝에 있는 눈금을 읽습니다.
(1) 집게의 길이는 0부터 3까지이므로 3 cm입니다.
(2) 바늘의 길이는 0부터 5까지이므로 5 cm입니다.

5 한쪽 끝을 0이 아닌 눈금에 맞춘 경우에는 1 cm가 몇 번 들어가는지 셉니다.
(1) 물감은 2부터 6까지 1 cm가 4번이므로 4 cm입니다.
(2) 블록은 3부터 5까지 1 cm가 2번이므로 2 cm입니다.

---

6 물건의 한쪽 끝을 자의 눈금 0에 맞추고 다른 쪽 끝에 있는 눈금을 읽습니다.

098쪽 1STEP 교과서 개념 잡기

1 6, 6 / 6, 6   **2** (   )(○)
3 (1) 2 (2) 2   **4** (1) 4 (2) 6
5 (1) 예 3 cm (2) 3 cm

2 왼쪽 색 테이프는 눈금 4에 가까우므로 약 4 cm, 오른쪽 색 테이프는 눈금 5에 가까우므로 약 5 cm입니다.

3 (1) 3부터 5까지 1 cm가 2번인 길이와 가깝습니다.
참고 한쪽 끝을 0이 아닌 눈금에 맞춘 경우, 1 cm가 몇 번쯤 들어가는지를 확인합니다.

4 길이가 자의 눈금 사이에 있을 때 눈금과 가까운 쪽에 있는 숫자를 읽습니다.

5 (1) 어림한 길이를 말할 때는 '약 몇 cm'라고 말합니다.

100쪽 2STEP 수학익힘 문제 잡기

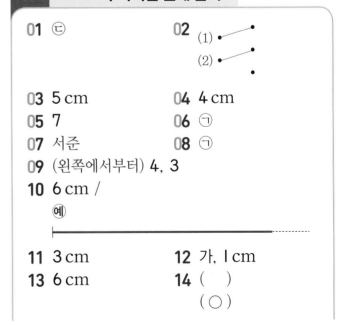

01 ㉢   **02** (1) (2)
03 5 cm   **04** 4 cm
05 7   **06** ㉠
07 서준   **08** ㉠
09 (왼쪽에서부터) 4, 3
10 6 cm /
예
11 3 cm   **12** 가, 1 cm
13 6 cm   **14** (   )
(○)

15 예 4 / 4   **16** 성희

17 (왼쪽에서부터) 5, 4, 4

18 ⑴ 5 cm   ⑵ 125 cm

19 4 cm

20

21 영미   **22** 은행

23 리아   **24** 26 cm

---

01 ㉠ 물건과 자를 나란히 놓아야 합니다.
　　㉡ 물건의 한쪽 끝을 자의 눈금 0에 맞추고 다른 쪽 끝에 있는 눈금을 읽어야 합니다.

02 ⑴ 0부터 2까지이므로 2 cm입니다.
　　⑵ 눈금 1부터 4까지 1 cm가 3번 들어가므로 3 cm입니다.

03 한쪽 끝이 눈금 0에 맞추어져 있으므로 다른 쪽 끝에 있는 눈금을 읽으면 5입니다.
　　따라서 연필의 길이는 5 cm입니다.

04 4부터 8까지 1 cm가 4번 들어갑니다. → 4 cm

06 ㉠ 1부터 7까지 1 cm가 6번 들어가므로 6 cm입니다.
　　㉡ 1부터 6까지 1 cm가 5번 들어가므로 5 cm입니다.

07 양초의 한쪽 끝이 눈금 0에 맞추어져 있지 않으므로 1 cm가 몇 번인지 세어 길이를 구합니다.

08 자로 길이를 재면 ㉠ 5 cm, ㉡ 4 cm입니다.
　　따라서 길이가 5 cm인 선은 ㉠입니다.

09 변의 한쪽 끝을 자의 눈금 0에 맞추고 변의 다른 쪽 끝에 있는 눈금을 읽습니다.

10 자로 길이를 재면 연필의 길이는 6 cm입니다.
　　점선 위에 자를 대고 6 cm가 되는 선을 긋습니다.

11 길이를 비교하면 첫 번째 종이띠의 길이가 가장 짧습니다. → 자로 첫 번째 종이띠의 길이를 재면 3 cm입니다.
　　참고 두 번째 종이띠의 길이: 5 cm
　　세 번째 종이띠의 길이: 4 cm

12 가: 한쪽 끝이 눈금 0에 맞추어져 있으므로 다른 쪽 끝에 있는 눈금을 읽으면 4입니다.
　　　→ 4 cm
　　나: 2부터 5까지 1 cm가 3번 들어갑니다.
　　　→ 3 cm
　　→ 가가 4−3=1 (cm) 더 깁니다.

13 리본의 오른쪽 끝이 6 cm 눈금에 가까우므로 리본의 길이는 약 6 cm입니다.

14 한쪽 끝이 눈금 2에 맞추어져 있으므로 오른쪽 끝의 눈금만으로 길이를 확인하지 않습니다.

15 어림한 길이가 자로 잰 길이와 다르더라도 정답으로 인정합니다.

16 1 cm가 3번쯤 들어가므로 막대의 길이는 약 3 cm입니다.

18 ⑴ 손톱깎이의 긴 쪽의 길이는 1 cm보다 길고, 25 cm보다 짧으므로 알맞은 길이는 5 cm입니다.
　　⑵ 초등학교 2학년 학생의 키는 100 cm보다 크므로 알맞은 길이는 125 cm입니다.

19 눈금 2에서 6까지 1 cm가 4번 정도이므로 사탕의 길이는 약 4 cm입니다.

20 15 cm는 한 뼘의 길이와 비슷하므로 한 뼘의 길이와 비슷한 길이의 물건에 ○표 합니다.

21 종이의 길이를 자로 재어 보면
　　승헌: 4 cm, 영미: 3 cm입니다.
　　어림한 길이와 차를 구하면
　　승헌: 1 cm, 영미: 0 cm이므로
　　3 cm에 더 가깝게 어림한 사람은 영미입니다.

22 도서관에서 은행까지는 3 cm를 조금 넘고,
　　도서관에서 병원까지는 3 cm가 조금 안되므로 은행이 더 멉니다.

23 '약'으로 나타낸 길이는 정확한 길이가 아니라 자의 눈금에 가장 가까운 눈금을 읽은 값이므로 실제 길이는 다를 수 있습니다.

24 동화책의 긴 쪽의 길이는 약 13 cm씩 2번 잰 길이와 같습니다.

13+13=26이므로 약 26 cm로 나타냅니다.

104쪽 3STEP 서술형 문제 잡기

※서술형 문제의 예시 답안입니다.

1 (이유) 5, 은지
(답) 은지

2 (이유) 오른쪽 끝이 3 cm 눈금에 더 가깝기 때문에 바르게 잰 사람은 재석입니다. ▶5점
(답) 재석

3 (1단계) 1, 6   (2단계) 5, 5
(답) 5 cm

4 (1단계) 머리핀의 왼쪽 끝은 눈금 3에 오른쪽 끝은 눈금 7에 있습니다. ▶2점
(2단계) 1 cm가 4번이므로 머리핀의 길이는 4 cm입니다. ▶3점
(답) 4 cm

5 (1단계) '깁니다'에 ○표
(2단계) 빨대
(답) 빨대

6 (1단계) 걸음의 수가 적을수록 걸음의 길이는 더 깁니다. ▶3점
(2단계) 17>14이므로 한 걸음의 길이가 더 긴 사람은 지영입니다. ▶2점
(답) 지영

7 (1단계) '1 cm', '2 cm', '3 cm'에 ○표
(2단계) (예)

8 (1단계) (예) '1 cm', '2 cm'에 ○표
(2단계)

8 (채점 가이드) 사용한 막대나 놓은 순서에 따라 여러 가지 답이 나올 수 있습니다. 주어진 막대로 7 cm를 바르게 만들었는지 확인합니다.

106쪽 4단원 마무리

01 ①   **02** 7뼘
03 (1)•╲ ╱•
    (2)• ╳ •
    (3)•╱ ╲•   **04** ㉣
05 6, 5   **06** 6 cm
07 (예)
━━━━━━━━━━━━━━━┄┄┄

08 5 cm
09 ( )(○)( )
10 3 cm   **11** 7 cm
12 (예) 6 / 6   **13** 4, 11
14 나   **15** ㉢
16 7 cm   **17** ㉢, ㉠, ㉡
18 45 cm

서술형   ※서술형 문제의 예시 답안입니다.

19 눈금과 가까운 쪽의 숫자를 읽어 길이를 바르게 잰 사람 찾기 ▶5점

오른쪽 끝이 6 cm 눈금에 더 가깝기 때문에 지수가 바르게 재었습니다.
(답) 지수

20 ❶ 단위의 길이와 잰 횟수의 관계 알아보기 ▶3점
❷ 한 뼘의 길이가 더 긴 사람 찾기 ▶2점

❶ 잰 횟수가 적을수록 한 뼘의 길이는 더 깁니다.
❷ 8<10이므로 한 뼘의 길이가 더 긴 사람은 수희입니다.
(답) 수희

01 1 센티미터는 1 cm이고, 숫자는 크게 cm는 작게 씁니다.

03 1 cm가 몇 번인지 세어 같은 길이를 찾습니다.

04 물건의 한끝을 자의 눈금 0에 맞추고 자와 나란히 하여 길이를 잽니다.

05 마이크의 길이는 클립 6개 또는 지우개 5개를 이어 놓은 길이와 같습니다.

06 초콜릿의 오른쪽 끝이 **6** cm 눈금과 가까우므로 초콜릿의 길이는 약 **6** cm입니다.

07 점선의 왼쪽 끝을 눈금 **0**에 맞추고 오른쪽 끝이 **6**이 되도록 선을 긋습니다.

08 거울의 한끝을 자의 눈금 **0**에 맞추고 다른 끝에 있는 눈금을 읽으면 **5** cm입니다.

09 모자의 실제 길이는 두 뼘이 조금 안되는 길이와 비슷하므로 **25** cm에 가장 가깝습니다.

10 **3**부터 **6**까지 **1** cm가 **3**번 들어가므로 **3** cm입니다.

11 색 테이프의 길이를 자로 재어 보면 **7** cm에 가깝기 때문에 약 **7** cm입니다.

12 어림한 길이가 자로 잰 길이와 다르더라도 정답으로 인정합니다.

13 • **4** cm는 **1** cm가 **4**번입니다. ➡ ㉠=**4**
• **1** cm로 **11**번은 **11** cm입니다. ➡ ㉡=**11**

14 잰 횟수가 같으므로 길이를 잰 단위의 길이를 비교합니다.
칫솔<리코더이므로 나가 더 깁니다.

15 자로 세 변의 길이를 각각 재어 보면
㉠ **3** cm, ㉡ **5** cm, ㉢ **4** cm입니다.
따라서 **4** cm인 변은 ㉢입니다.

16 **1** cm로 **7**번이므로 철사의 길이는 **7** cm입니다.

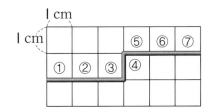

17 ㉠ **1** cm가 **15**번인 길이 ➡ **15** cm
19>**15**>**12**이므로 길이가 긴 것부터 차례로 쓰면 ㉢, ㉠, ㉡입니다.

18 바지의 길이는 **15**+**15**+**15**=**45**이므로 약 **45** cm로 나타낼 수 있습니다.

5 분류하기

112쪽 **1STEP 교과서 개념 잡기**

1 (1) '다릅니다'에 ○표   (2) '같습니다'에 ○표
2 (1) (   )(○)   (2) (○)(   )
3 (   )(○)   **4** ㉡, ㉢

2 (1) 좋아하는 것과 좋아하지 않는 것은 분류 기준이 분명하지 않습니다.
(2) 맛있는 과자와 맛없는 과자는 분류 기준이 분명하지 않습니다.

3 • 곰인형(×): 모양이 모두 같으므로 모양에 따라 분류할 수 없습니다.
• 자동차(○): **3**가지 모양으로 되어 있으므로 모양에 따라 분류할 수 있습니다.

4 ㉡ 모자의 색깔: 빨간색, 노란색, 파란색
㉢ 모자의 종류: 야구 모자와 털모자
참고 예쁜 것과 예쁘지 않은 것은 분류 기준이 분명하지 않습니다.

114쪽 **1STEP 교과서 개념 잡기**

4 **주의** 한 가지 기준으로 분류할 때 다른 기준은 생각하지 않도록 주의합니다.

116쪽 1STEP 교과서 개념 잡기

1

민속놀이	공기놀이	씨름	팽이치기	제기차기
세면서 표시하기	////	////	////	////
학생 수(명)	2	1	5	2

/ 팽이치기

2 (1)

종류	자장면	피자	떡볶이
세면서 표시하기	////	////	////
학생 수(명)	4	3	3

(2) 자장면   (3) 예 자장면

3

이동 방법	걸어서 이동	헤엄쳐서 이동
동물의 이름	사자, 사슴, 코끼리, 호랑이, 곰	돌고래, 고래, 상어
동물의 수 (마리)	5	3

1 민속놀이의 종류에 따라 공기놀이, 씨름, 팽이치기, 제기차기로 분류하여 좋아하는 학생 수를 세어 봅니다.

2 (2) 4>3이므로 가장 많은 학생들이 좋아하는 음식은 자장면입니다.
(3) 가장 많은 학생들이 좋아하는 음식이 자장면이므로 자장면을 더 준비하는 것이 좋습니다.

3 참고 동물의 이름을 쓰면서 분류하면 중복해서 쓰거나 빠뜨리지 않을 수 있습니다.

118쪽 2STEP 수학익힘 문제 잡기

01 지유   **02** 가
03 (   )(○)(   )   **04** 예 색깔 / 예 모양
05

다리 2개	①, ⑤, ⑥
다리 4개	②, ③, ④

06

하늘	①, ⑤
땅	②, ③, ④, ⑥

07 '우유 칸'에 ○표 / 사과, 과일
08 예 색깔
09 예

빨간색	초록색	파란색
①	②, ③, ④	⑤, ⑥

10

(1)
(2)

11

종류	컵	국자	포크
세면서 표시하기	////	////	////
물건의 수(개)	4	2	5

12

종류	생선	고기	김	김치
세면서 표시하기	////	////	////	////
학생 수(명)	2	4	3	3

13

계절	봄	여름	가을	겨울
세면서 표시하기	////	////	////	////
학생 수(명)	3	4	3	2

14 여름   **15** 겨울
16 예 어떤 계절에 태어난 사람이 얼마나 많은지 비교하기 편리합니다.
17 5, 4, 3   **18** 빨간색
19 예

분류 기준	모양

모양	원	사각형	삼각형
바구니의 수(개)	4	5	3

20 3, 4, 5   **21** 바나나 맛
22 1개   **23** 예 바나나 맛

01 승민: 사람마다 재미있다고 생각하는 기준이 다르므로 분류 기준이 분명하지 않습니다.

02 나: 예쁜 것과 예쁘지 않은 것으로 분류하면 사람마다 다른 결과가 나올 수 있습니다.

03 예쁜 것은 분류 기준이 분명하지 않습니다.

04 누가 분류를 하더라도 같은 결과가 나올 수 있도록 분명한 기준을 세워서 분류해야 합니다.

05 다리의 수에 따라 2개와 4개로 분류합니다.

06 활동하는 곳에 따라 하늘과 땅으로 분류합니다.

07 우유 칸에 사과가 잘못 분류되어 있습니다.

09 공룡의 색깔에 따라 빨간색, 초록색, 파란색으로 분류합니다.

10 각 가게와 어울리는 물건을 찾습니다.
⑴ 장난감 가게: 인형, 블록, 로봇
⑵ 옷 가게: 티셔츠, 바지

11 물건을 하나씩 세면서 표시해 보면 컵은 4개, 국자는 2개, 포크는 5개입니다.

12 반찬을 하나씩 세면서 표시해 보면 좋아하는 학생 수가 생선은 2명, 고기는 4명, 김은 3명, 김치는 3명입니다.

13 계절을 하나씩 세면서 표시해 보면 봄은 3명, 여름은 4명, 가을은 3명, 겨울은 2명입니다.

14 여름에 태어난 학생이 4명으로 가장 많습니다.

15 겨울에 태어난 학생이 2명으로 가장 적습니다.

16 다른 풀이 가장 많은 학생들이 태어난 계절을 쉽게 알 수 있습니다.

17 빨간색은 5개, 파란색은 4개, 노란색은 3개입니다.

18 5>4>3이므로 가장 많은 바구니의 색깔은 빨간색입니다.

19 바구니를 모양에 따라 원, 사각형, 삼각형으로 분류할 수 있습니다.
다른 풀이

분류 기준	손잡이의 수		
손잡이의 수	0개	1개	2개
바구니의 수(개)	2	6	4

20 초콜릿 맛은 3개, 딸기 맛은 4개, 바나나 맛은 5개입니다.

21 5>4>3이므로 오늘 가장 많이 팔린 우유는 바나나 맛 우유입니다.

22 바나나 맛: 5개, 딸기 맛: 4개 → 5-4=1(개)

23 오늘 바나나 맛 우유가 가장 많이 팔렸으므로 내일 바나나 맛 우유를 가장 많이 준비하는 것이 좋습니다.

122쪽 **3STEP 서술형 문제 잡기**

※서술형 문제의 예시 답안입니다.

1 1단계 지우개　　2단계 3
답 3개

2 1단계 ◯ 모양의 물건은 축구공, 배구공입니다. ▶3점
2단계 ◯ 모양의 물건은 모두 2개입니다. ▶2점
답 2개

3 설명 위인전

4 설명 다른 학용품보다 수가 적은 풀을 더 사는 것이 좋을 것 같습니다. ▶5점

5 1단계 4, 3, 5　　2단계 귤
답 귤

6 1단계 화분을 분류하여 세어 보면 보라색이 6개, 노란색이 2개, 빨간색이 4개입니다. ▶3점
2단계 따라서 가장 많은 화분 색깔은 보라색입니다. ▶2점
답 보라색

7 2단계 ①, ⑤, ⑦ / ⑤, ⑦
답 ⑤, ⑦

8 1단계 예 '빨간색', 2에 ◯표
2단계 빨간 / ①, ③, ④, ⑥ / 2 / ⑥
답 ⑥

8 채점 가이드 꽃병의 색깔, 손잡이의 수에 따른 분류 기준을 만든 후 두 가지 기준에 따라 분류하고 그 수를 바르게 세었는지 확인합니다.

124쪽 5단원 마무리

01 ( )(○)
02 ①, ⑦, ⑧
03 ③, ⑤
04 예 색깔
05 나, 다, 라 / B, C, D
06 B, 가 / 라, D / C

07
종류	농구공	배구공	축구공
세면서 표시하기	〢〢〢〢 〢〢	〢〢〢〢 〢〢〢	〢〢〢〢 〢〢
공의 수(개)	2	7	3

08
종류	축구	배드민턴	줄넘기	훌라후프
세면서 표시하기	〢〢〢〢	〢〢〢〢	〢〢〢〢〢	〢〢〢
학생 수(명)	4	4	5	3

09 줄넘기
10 훌라후프
11 줄넘기
12 3, 3, 4
13 ▨에 ○표

14 예
분류 기준	구멍의 수		

구멍의 수	2개	3개	4개
단추의 수(개)	4	2	4

15 1개

16
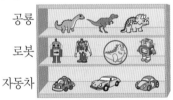

공룡			
로봇			
자동차			

17 58, 9, 88 / 342, 5, 641, 36 / 111
18 2장

서술형
※서술형 문제의 예시 답안입니다.

19 어떤 공을 더 사면 좋을지 설명하기 ▶ 5점

다른 공보다 수가 적은 축구공을 더 사는 것이 좋을 것 같습니다.

20 ❶ 컵 색깔에 따라 분류하여 세어 보기 ▶ 3점
❷ 가장 많은 컵 색깔 찾기 ▶ 2점

❶ 컵을 분류하여 세어 보면 빨간색이 4개, 초록색이 2개, 파란색이 6개입니다.
❷ 따라서 가장 많은 컵 색깔은 파란색입니다.
답 파란색

---

01 예쁜 것은 사람마다 다르므로 분류 기준이 분명하지 않습니다.
색깔은 노란색, 빨간색, 파란색으로 분류할 수 있습니다.

04 도형을 모양에 따라 분류할 수도 있습니다.

05 글자를 한글과 알파벳으로 분류할 수 있습니다.

06 글자를 파란색, 검은색, 빨간색으로 분류할 수 있습니다.

07 공을 하나씩 세면서 표시해 보면 농구공은 2개, 배구공은 7개, 축구공은 3개입니다.

08 운동을 하나씩 세면서 표시해 보면 좋아하는 학생 수가 축구는 4명, 배드민턴은 4명, 줄넘기는 5명, 훌라후프는 3명입니다.

09 줄넘기가 5명으로 가장 많은 학생들이 좋아합니다.

10 훌라후프가 3명으로 가장 적은 학생들이 좋아합니다.

11 가장 많은 학생들이 좋아하는 운동은 줄넘기이므로 학생들이 운동을 한다면 줄넘기를 하는 것이 좋습니다.

12 단추를 모양에 따라 분류합니다.

13 모양에 따라 분류했을 때 ⬤ 모양과 ✿ 모양은 수가 같습니다.

14 구멍의 수, 색깔로 분류할 수 있습니다.

15 빨간색 단추: 4개, 노란색 단추: 3개
➜ 4−3=1(개)

16 로봇 칸에 공룡이 잘못 분류되어 있습니다.

17 수 카드를 색깔에 따라 분류하여 적힌 수를 씁니다.

18 파란색 수 카드에 적힌 수는 58, 9, 88이고, 이 중에서 두 자리 수는 58, 88입니다.
➜ 파란색이면서 두 자리 수가 적힌 수 카드는 모두 2장입니다.

참고 자릿수에 따라 분류하면 다음과 같습니다.
자릿수	한 자리 수	두 자리 수	세 자리 수
수 카드에 적힌 수	5, 9	58, 36, 88	342, 111, 641

6 곱셈

130쪽 1STEP **교과서 개념 잡기**

1 (1) 4, 5, 6 / 6 (2) 4, 6 / 6 (3) 6 / 6
2 11개
3

| | | | | | | | | | | |
0 1 2 3 4 5 6 7 8 9 10

/ 9개

4 (1) 3 / 12, 18 (2) 18개
5 5, 4 / 20

---

2 하나씩 세면 1, 2, 3, ..., 10, 11로 모두 11개
입니다.

3 3씩 뛰어 세면 3, 6, 9로 모두 9개입니다.

4 (1) 6씩 묶으면 3묶음입니다.

5 • 4씩 묶으면 5묶음입니다.
  → 4─8─12─16─20
  • 5씩 묶으면 4묶음입니다.
  → 5─10─15─20

132쪽 1STEP **교과서 개념 잡기**

1 (1) 2 (2) 4, 4   2 7, 7
3 (1) 2, 2 (2) 2   4 4, 5, 4
5 (1)   6 3배
  (2)
  (3)

5 (1) 연필이 3자루씩 3묶음 있으므로 3씩 3묶음
     입니다. → 3의 3배
  (2) 장갑이 2개씩 5묶음 있으므로 2씩 5묶음입
     니다. → 2의 5배
  (3) 달걀이 4개씩 3묶음 있으므로 4씩 3묶음입
     니다. → 4의 3배

---

6 초록색으로 색칠한 길이는 노란색으로 색칠한
길이를 3개 이은 것과 같습니다.
따라서 초록색으로 색칠한 길이는 노란색으로
색칠한 길이의 3배입니다.

134쪽 2STEP **수학익힘 문제 잡기**

01 7, 8, 9 / 9개
02

| | | | | | | | | | | | / 10개
0 1 2 3 4 5 6 7 8 9 10

03 5 / 6, 8, 10 / 10개
04 6개   05 (○)(   )
06 (1) 2묶음 (2) 4묶음 (3) 16개
07 3 / 10, 15, 15
08 예 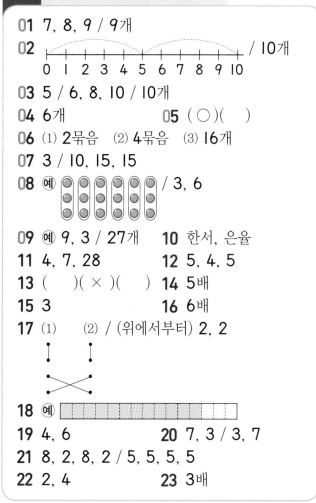 / 3, 6

09 예 9, 3 / 27개   10 한서, 은율
11 4, 7, 28   12 5, 4, 5
13 (   )(×)(   )   14 5배
15 3   16 6배
17 (1)   (2) / (위에서부터) 2, 2

18 예
19 4, 6   20 7, 3 / 3, 7
21 8, 2, 8, 2 / 5, 5, 5, 5
22 2, 4   23 3배

---

01 하나씩 세면 1, 2, ..., 7, 8, 9로 9개입니다.

02 5씩 뛰어 세면 5─10입니다.

03 딸기를 2개씩 묶으면 5묶음입니다.

04 여러 가지 방법으로 셀 수 있습니다.
  • 하나씩 세기: 1, 2, 3, 4, 5, 6
  • 2씩 뛰어 세기: 2, 4, 6   → 6개
  • 3개씩 묶어 세기: 3개씩 2묶음

개념책

6 단원

05 조개를 2씩 묶으면 4묶음입니다.
조개를 3씩 묶으면 2묶음이고, 2개가 남습니다.
따라서 바르게 나타낸 것은 2씩 4묶음입니다.

06 (1) 8씩 묶으면 2묶음입니다. → 8-16
(2) 4씩 묶으면 4묶음입니다.
→ 4-8-12-16

08 3씩 6묶음, 9씩 2묶음, 2씩 9묶음으로 묶을 수 있습니다.

09 9씩 묶으면 3묶음이므로 9-18-27로 27개입니다.
다른 풀이 3씩 묶으면 9묶음이므로
3-6-9-12-15-18-21-24-27로 27개입니다.

10 세하: 병아리의 수는 3씩 묶으면 4묶음입니다.

11 7씩 4줄 → 7-14-21-28
4씩 7줄 → 4-8-12-16-20-24-28
센 방법은 서로 다르지만 새싹은 모두 28개입니다.

12 연필을 4씩 묶으면 5묶음입니다.

13 • 옥수수를 7개씩 묶으면 2묶음입니다.
7씩 2묶음 → 7의 2배
• 옥수수를 3개씩 묶으면 4묶음이고 2개가 남습니다.
• 옥수수를 2개씩 묶으면 7묶음입니다.
2씩 7묶음 → 2의 7배

14 유나가 가진 리본의 수는 2씩 5묶음이므로 2의 5배입니다.
→ 유나가 가진 리본의 수는 정민이가 가진 리본의 수의 5배입니다.

15 주경이가 사용한 구슬은 5개씩 3묶음입니다.
→ 5의 3배

16 24를 4씩 묶으면 6묶음입니다.
4씩 6묶음 → 4의 6배
따라서 24는 4의 6배입니다.

17 (1) 화살이 2개씩 3묶음입니다.
2씩 3묶음 → 2의 3배
(2) 윷이 4개씩 2묶음입니다.
4씩 2묶음 → 4의 2배

18 빨간색 막대를 3번 이어 붙인 것만큼 색칠합니다.

19 상자를 6씩 묶으면 4묶음입니다.
6씩 4묶음 → 6의 4배
상자를 4씩 묶으면 6묶음입니다.
4씩 6묶음 → 4의 6배

20 소시지를 7씩 3묶음, 3씩 7묶음으로 묶을 수 있으므로 7의 3배, 3의 7배로 나타냅니다.

21 백설기: 8조각씩 2접시가 있습니다.
8씩 2묶음 → 8의 2배
꿀떡: 5개씩 5상자가 있습니다.
5씩 5묶음 → 5의 5배

22 순영이가 쌓은 연결 모형의 수는 2개입니다.
→ 원우가 쌓은 연결 모형의 수는 2개씩 2묶음이므로 2배이고, 찬이가 쌓은 연결 모형의 수는 2개씩 4묶음이므로 4배입니다.

23 6은 2씩 3묶음이므로 기린의 수는 사자의 수의 3배입니다.

138쪽 1STEP 교과서 개념 잡기

1 3, 곱하기
2 2, 8 / 4, 8
3 (1) 5, 5   (2) 5, 5, 5
4 (1) 4, 28   (2) 9, 45
5 2, 16 / 16
6 6, 6, 24 / 6, 4, 24

4 (1) 7 곱하기 4는 28과 같습니다.
7 ×4 =28
(2) 5와 9의 곱은 45입니다.
5 ×9 =45

5 책은 8권씩 2묶음 있습니다.
8의 2배 ➔ 8×2=16(권)

6 야구공이 6개씩 4상자 있습니다.
6의 4배 ➔ 6+6+6+6=24, 6×4=24

10 3×5=15, 4×4=16, 6×2=12
➔ 16>15>12이므로 곱이 가장 작은 것은
6×2입니다.

11 8의 4배는 8+8+8+8=32입니다.
따라서 이모의 나이는 32살입니다.

140쪽 **2STEP 수학익힘 문제 잡기**

01 2, 2, 6, 2　　　**02** 6
03 ⑴ 3, 24　⑵ 6×4=24
04 7, 14 / 14개　　**05** 도율
06 4 / 4+4+4+4=16 / 4×4=16
07 5, 6 / 5×6=30
08 ㉢
09 2, 18 / ⑩ 3, 6, 18 / 18마리
10 (　)(　)(△)
11 8×4=32 / 32살

02 4+4+4+4+4+4 ➔ 4×6
　　　└─── 6번 ───┘

03 ⑴ 8+8+8=24 ➔ 8×3=24
　　　　└── 3번 ──┘
　　⑵ 6+6+6+6=24 ➔ 6×4=24
　　　　└── 4번 ──┘

04 2씩 7묶음 → 2의 7배 ➔ 2×7=14

05 리아: 9와 7의 곱은 63입니다.

07 꽃잎이 5장인 꽃이 6송이 있으므로 꽃잎의 수
는 5씩 6묶음입니다.
5씩 6묶음 → 5의 6배 ➔ 5×6=30

08 ㉢ 7+7+7은 7×3과 같습니다.
　　참고 7+7+7+7은 7×4와 같습니다.

09 · 9씩 2묶음 → 9의 2배 ➔ 9×2=18
　 · 3씩 6묶음 → 3의 6배 ➔ 3×6=18
　 · 6씩 3묶음 → 6의 3배 ➔ 6×3=18
　 · 2씩 9묶음 → 2의 9배 ➔ 2×9=18

142쪽 **3STEP 서술형 문제 잡기**

※서술형 문제의 예시 답안입니다.

1 (설명) 5, 5
2 (설명) 초록색 막대의 길이는 노란색 막대를 4
번 이어 붙여야 같아집니다.
따라서 초록색 막대의 길이는 노란색 막대의
길이의 4배입니다. ▶5점
3 (1단계) 4　　　　(2단계) 4, 4, 32, 32
　(답) 32개
4 (1단계) 망고의 수는 5의 3배입니다. ▶2점
　(2단계) 5의 3배 ➔ 5×3=15
　따라서 망고는 모두 15개입니다. ▶3점
　(답) 15개
5 (1단계) 5　　　(2단계) 5, 25
　(답) 25쪽
6 (1단계) ○표 한 날을 세어 보면 월, 수, 목, 금
으로 실천한 날수는 4일입니다. ▶2점
　(2단계) 실천한 날에 주운 낙엽의 수를 곱셈식
으로 나타내면 2×4=8입니다. ▶3점
　(답) 8장
7 (1단계)
　(2단계) 6, 18, 18
8 (1단계) ⑩
　(2단계) 3, 3, 6, 9, 12, 12

8 **채점 가이드** 상자에 그린 /의 수에 따라 여러 가지 답이 나올
수 있습니다. 각 상자 안에 같은 수만큼 /을 그렸는지, 그린
수에 맞게 세었는지 확인합니다.

개
념
책

6
단원

144쪽 6단원 마무리

01 4, 5 / 5개

02
/ 12개
0 1 2 3 4 5 6 7 8 9 10 11 12

03 9, 12 / 12개 **04** 3, 8, 3

05 7, 4 **06** 8, 16

07 6, 6, 18 / 3, 18

08 5+3에 ×표

09 5, 30 **10** (1) (2) (3)

11 (위에서부터) $2 \times 2 = 4$ /
$2 \times 3 = 6$, $2 \times 4 = 8$

12 3배

13 예

14 4, 5 **15** 지웅

16 3, 24 / 예 3, 8, 24 / 24개

17 35살 **18** ㉡, ㉠, ㉢

서술형
※서술형 문제의 예시 답안입니다.

19 초록색 막대를 몇 개 이어야 보라색 막대의 길이와 같아지는지 찾아 설명하기 ▶ 5점

예 보라색 막대의 길이는 초록색 막대를 3번 이어 붙여야 같아집니다.
따라서 보라색 막대의 길이는 초록색 막대의 길이의 3배입니다.

20 ❶ 실천한 날수 구하기 ▶ 2점
❷ 실천한 날에 턱걸이를 모두 몇 번 했는지 구하기 ▶ 3점

❶ ○표 한 날을 세어 보면 월, 목으로 실천한 날수는 2일입니다.
❷ 실천한 날에 턱걸이 한 횟수를 곱셈식으로 나타내면 $7 \times 2 = 14$입니다.
답 14번

02 4씩 뛰어 세면 $4 - 8 - 12$로 12개입니다.

04 초콜릿이 8개씩 3묶음입니다.
8씩 3묶음 ➡ 8의 3배

05 $\underset{\underset{\text{4번}}{\longleftarrow\longrightarrow}}{7 + 7 + 7 + 7}$ ➡ 7×4

06 2씩 묶으면 8묶음입니다. $2 - 4 - 6 - 8 - 10 - 12 - 14 - 16$으로 16장입니다.

07 6씩 3묶음 ➡ $6 + 6 + 6 = 18$, $6 \times 3 = 18$

08 5의 3배는 5×3이고 5의 3배와 5×3은 15를 나타냅니다. $5 + 3$은 8입니다.
참고 5×3은 $5 + 5 + 5$와 같습니다.

10 (1) 7의 8배 ➡ 7×8
(2) 4씩 7묶음 → 4의 7배 ➡ 4×7
(3) $7 + 7 + 7$은 7×3과 같습니다.

11 2씩 2묶음: $2 \times 2 = 4$,
2씩 3묶음: $2 \times 3 = 6$, 2씩 4묶음: $2 \times 4 = 8$

12 거울은 4개, 머리핀은 12개입니다.
12는 4씩 3묶음이므로 머리핀의 수는 거울의 수의 3배입니다.

13 예원이의 막대 길이는 3칸의 길이와 같으므로 지영이의 막대는 3칸씩 3번 이은 9칸의 길이와 같습니다.

14 • 금붕어를 5씩 묶으면 4묶음입니다.
5씩 4묶음 → 5의 4배
• 금붕어를 4씩 묶으면 5묶음입니다.
4씩 5묶음 → 4의 5배

15 정민: 4씩 뛰어 세면 4씩 3번 세고 2개가 남습니다.
현호: 5씩 묶어 세면 5씩 2묶음이고 4개가 남습니다.

16 • 8씩 3묶음 → 8의 3배 ➡ $8 \times 3 = 24$
• 3씩 8묶음 → 3의 8배 ➡ $3 \times 8 = 24$
• 6씩 4묶음 → 6의 4배 ➡ $6 \times 4 = 24$
• 4씩 6묶음 → 4의 6배 ➡ $4 \times 6 = 24$

17 7의 5배는 $7 + 7 + 7 + 7 + 7 = 35$입니다.
따라서 우성이 어머니의 나이는 35살입니다.

18 ㉠ 4와 8의 곱 ➡ $4 \times 8 = 32$
㉡ $4 \times 9 = 36$
㉢ 5의 6배 ➡ $5 \times 6 = 30$
㉡ $36 >$ ㉠ $32 >$ ㉢ 30

01 1, 0, 0 / 100   **02** 다, 마

03 3, 4   **04** ◯, ✕

05 66   **06** 3, 15

07 예

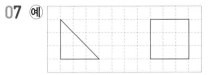

08 예

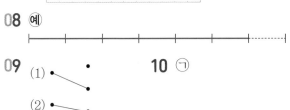

09 (1), (2)   **10** ㉠

11 ///, ///, /// / 4, 5, 3

12 박물관   **13** 585, 685 / 100

14 굴나무

15 36−27=9 / 36−9=27

16 7, 28 / 28판

17 8+8+8+8=32 / 8×4=32

18 숟가락   **19** 536

20 44개   **21** 2, 3

22 3, 8, 7   **23** 2장

24 6개   **25** (위에서부터) 5, 6

01 백 모형이 1개이므로 100을 나타냅니다.

02 다, 마와 같이 완전히 동그란 모형의 도형을 원이라고 합니다.

> 참고 라: 삼각형, 바: 사각형

04 맛있는 것과 맛없는 것은 분명한 기준이 아니므로 분류 기준이 될 수 없습니다.

05
$$\begin{array}{r} \overset{7}{\cancel{8}}\overset{10}{3} \\ -\ 1\ 7 \\ \hline 6\ 6 \end{array}$$

06 우표를 5장씩 묶으면 3묶음입니다.
5, 10, 15이므로 우표는 모두 15장입니다.

08 작은 눈금 1칸의 길이가 1 cm이므로 6 cm는 작은 눈금 6칸만큼 이어 긋습니다.

09 (1) 칫솔의 실제 길이는 10 cm보다 길고 50 cm보다 짧으므로 약 15 cm입니다.
(2) 지우개의 실제 길이는 10 cm보다 짧으므로 약 3 cm입니다.

10 ㉡은 쌓기나무 6개로 만든 모양입니다.

12 5>4>3이므로 가장 많은 학생이 소풍 가고 싶은 장소는 박물관입니다.

13 백의 자리 숫자가 1씩 커지므로 100씩 뛰어 센 것입니다.

14 219<254이므로 굴나무가 더 많습니다.

15 ■+▲=● ➜ ●−■=▲ 또는 ●−▲=■

16 4판씩 7반에 주어야 하므로 준비해야 할 피자는 4×7=28(판)입니다.

18 포크는 4 cm, 숟가락은 5 cm입니다.
➜ 길이가 더 긴 것은 숟가락입니다.

19 6이 나타내는 값을 각각 구하면 1<u>6</u>5 ➜ 60, 5<u>36</u> ➜ 6입니다. 60>6이므로 숫자 6이 나타내는 값이 더 작은 수는 536입니다.

20 52−26+18=44(개)

21 민제가 사용한 쌓기나무 수는 3개입니다.
• 은성이가 사용한 쌓기나무 수: 3씩 2묶음 ➜ 2배
• 인아가 사용한 쌓기나무 수: 3씩 3묶음 ➜ 3배

23 모양이 2개 그려진 카드는 5장입니다.
모양이 2개 그려진 카드 중에서 빨간색 카드는 모두 2장입니다.

24 • 사각형 1개짜리: 3개
• 사각형 2개짜리: 2개   ➜ 3+2+1=6(개)
• 사각형 3개짜리: 1개

25 • 일의 자리의 계산: 9+7=1□, □=6
• 십의 자리의 계산: 1+□+8=14, □=5

1 세 자리 수

기초력 더하기

01쪽   1. 백, 몇백 알아보기

1   100   2   400
3   500   4   900
5   300   6   700
7   6   8   8
9   2   10   5
11   '백'에 ○표   12   '칠백'에 ○표
13   '구백'에 ○표   14   '사백'에 ○표

02쪽   2. 세 자리 수 알아보기

1   147   2   353
3   854   4   540
5   605   6   296
7   '이백팔십일'에 ○표
8   '팔백칠십'에 ○표
9   '삼백사'에 ○표
10   '칠백이십일'에 ○표

03쪽   3. 각 자리 숫자가 나타내는 값 알아보기

1   4, 6, 5 / 400, 5
2   2, 1, 8 / 200, 10
3   7, 0, 1 / 700, 1
4   5, 2, 9 / 20, 9
5   십, 20   6   백, 500
7   일, 6   8   백, 600
9   십, 70   10   일, 1

04쪽   4. 뛰어 세기

1   392, 492, 592
2   449, 549, 649, 749
3   465, 565, 665, 865
4   255, 275, 285, 295, 305
5   711, 731, 751, 761
6   493, 503, 513, 523, 533, 543
7   319, 320, 323, 324
8   787, 790, 791, 792
9   994, 996, 998, 999, 1000

05쪽   5. 수의 크기 비교하기

1   2, 6 / <   2   6, 4 / >
3   9, 7 / >
4   (위에서부터) 2, 8 / 5, 9, 3 / >
5   >   6   >   7   <
8   <   9   >   10   >
11   <   12   <   13   >

수학익힘 다잡기

06쪽   1. 백을 알아볼까요

1   10, 100   2   9, 9 / 99
3   9, 10 / 100
4   (왼쪽에서부터) 96, 99, 100
5   90, 100 / 10, 90
6   예

6 **100**은 **10**이 **10**개인 수이므로 **10**장씩 놓인 색종이 **10**묶음을 선으로 묶습니다.

(채점 가이드) 위치와 상관없이 **10**묶음을 선으로 묶었는지 확인합니다.

07쪽 **2. 몇백을 알아볼까요**

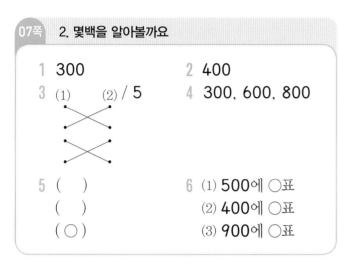

1 **300**
2 **400**
3 (1) (2) / **5**
4 **300, 600, 800**
5 ( )
  ( )
  (○)
6 (1) **500**에 ○표
  (2) **400**에 ○표
  (3) **900**에 ○표

---

5 백 모형이 **4**개 있고, 십 모형은 **10**개보다 적습니다.

→ **400**보다 크고 **500**보다 작습니다.

6 ■**00**은 **100**이 ■개인 수임을 이용하여 더 가까운 수를 구합니다.

(1) **4**는 **2**보다 **5**에 더 가까우므로 **400**에 더 가까운 수는 **500**입니다.

(2) **6**은 **9**보다 **4**에 더 가까우므로 **600**에 더 가까운 수는 **400**입니다.

(3) **8**은 **6**보다 **9**에 더 가까우므로 **800**에 더 가까운 수는 **900**입니다.

08쪽 **3. 세 자리 수를 알아볼까요**

1 **2, 5, 7, 257**, 이백오십칠
2 (1)•
  (2)•
  (3)•
3 **640**개
4 (예) (100)(10)(10) / **123**
  (1)(1)(1)
5 **320**

---

4 티셔츠 **1**벌은 도장 **100**개, 모자 **2**개는 도장 **20**개, 머리핀 **3**개는 도장 **3**개이므로 필요한 도장의 수는 **123**개입니다.

---

5 티셔츠 **3**벌은 도장 **300**개, 모자 **2**개는 도장 **20**개이므로 필요한 도장의 수는 **320**개입니다.

09쪽 **4. 각 자리의 숫자는 얼마를 나타낼까요**

1 (100) **4**개, (10) **3**개, (1) **7**개에 색칠
  / **400, 30, 7**
2 **6, 600 / 3, 30 / 9, 9**
3 **528**
4

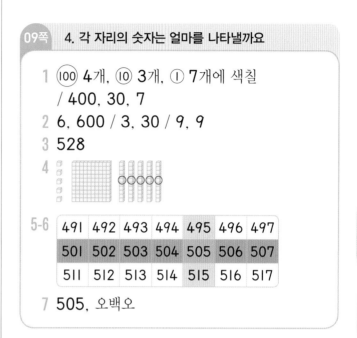

5-6

491	492	493	494	495	496	497
501	502	503	504	505	506	507
511	512	513	514	515	516	517

7 **505**, 오백오

---

3 **100**이 **5**개인 세 자리 수 → **5**□□
  십의 자리 숫자는 **20**을 나타내므로 **2**입니다.
  → **52**□
  368의 일의 자리 숫자는 **8**입니다. → **528**

4 **255**에서 밑줄 친 숫자 **5**는 십의 자리 숫자이고 **50**을 나타냅니다. 따라서 **50**을 나타내는 십 모형 **5**개에 ○표 합니다.

7 두 가지 색이 모두 칠해진 수는 십의 자리 숫자가 **0**, 일의 자리 숫자가 **5**인 **505**입니다.
  → **505**(오백오)

10쪽 **5. 뛰어 세어 볼까요**

1 **620, 720, 820**   2 **797, 800, 801**
3 **590, 600, 610**
4 (1) **315, 325 / 10** (2) **297, 300 / 1**
5 **501, 502, 503, 504, 505**
6 **850, 750, 650, 550, 450**
7 ㅅ, ㄱ, ㅂ, ㅏ, ㄱ / 수박

기본 강화책

1 단원

5 500부터 1씩 뛰어 세므로 일의 자리 숫자가 1씩 커집니다.

6 950부터 100씩 거꾸로 뛰어 세므로 백의 자리 숫자가 1씩 작아집니다.

7 수 배열표에서 오른쪽으로 갈수록 1씩 커지고 아래쪽으로 갈수록 10씩 커집니다.

11쪽 6. 수의 크기를 비교해 볼까요

1 6, 5 / 2, 8 / >
2 643에 빨간색, 725에 파란색으로 색칠
3 7, 8, 9에 ○표
4 740, 730, 750
5 953, 359   6 759

---

2 643<721, 721<725이므로
<u>643</u><721<<u>725</u>입니다.
　빨간색　　　　파란색

3 백의 자리, 십의 자리 수가 같으므로 □>6입니다. 따라서 □ 안에 들어갈 수 있는 수는 7, 8, 9입니다.

4

| 738<① | 728<② | 748<③ |

①, ②, ③에 들어갈 수 있는 수 카드를 찾습니다.
① 738보다 큰 수: 740, 750
② 728보다 큰 수: 730, 740, 750
③ 748보다 큰 수: 750
수 카드를 한 번씩만 사용해야 하므로 ③에 750, ①에 740, ②에 730을 써넣습니다.

5 가장 큰 수는 백의 자리부터 큰 수를 차례로 쓰면 953입니다.
가장 작은 수는 백의 자리부터 작은 수를 차례로 쓰면 359입니다.

6 백의 자리 수는 7이고, 십의 자리 수는 50을 나타내므로 5입니다.
일의 자리 수는 7보다 큰 홀수이므로 9입니다.
→ 759

---

2 여러 가지 도형

기초력 더하기

12쪽 1. △, □, ○ 알아보기

1 (□)　　2 (○)　　3 (△)
4 (△)　　5 (□)　　6 (△)
7 (△)　　8 (□)　　9 (○)
10　　　　　　　　11

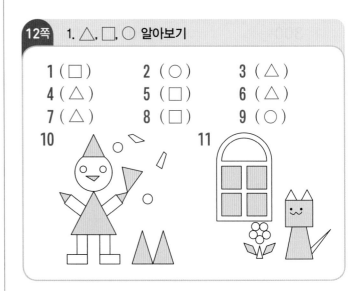

13쪽 2. △, □, ○ 그려 보기

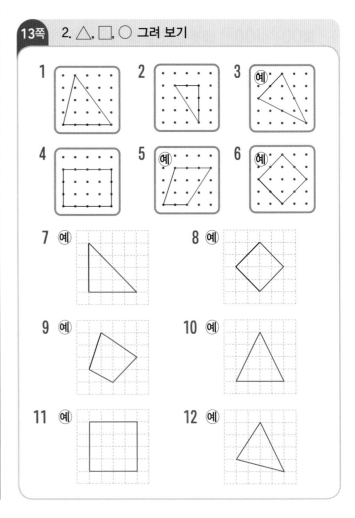

1 3　　　　2 4　　　　3 5
4 5　　　　5 4　　　　6 5

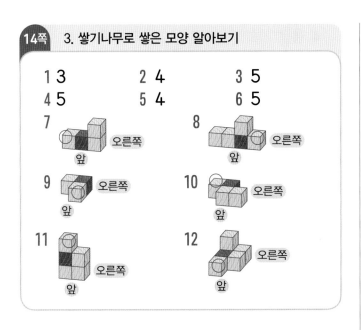

7 오른쪽
앞

8 오른쪽
앞

9 오른쪽
앞

10 오른쪽
앞

11 오른쪽
앞

12 오른쪽
앞

수학익힘 다잡기

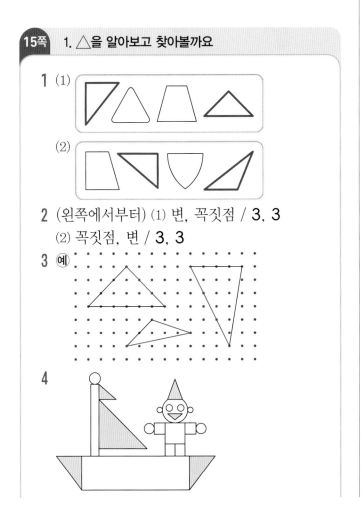

1 (1)

(2)

2 (왼쪽에서부터) (1) 변, 꼭짓점 / 3, 3
(2) 꼭짓점, 변 / 3, 3

3 예

4

5 예

기본 강화책

2
단원

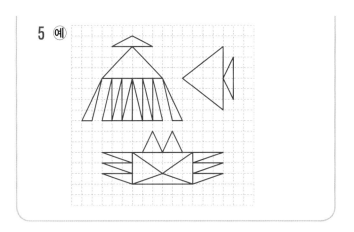

1

2 (왼쪽에서부터) 꼭짓점, 변 / 4, 4
3 예

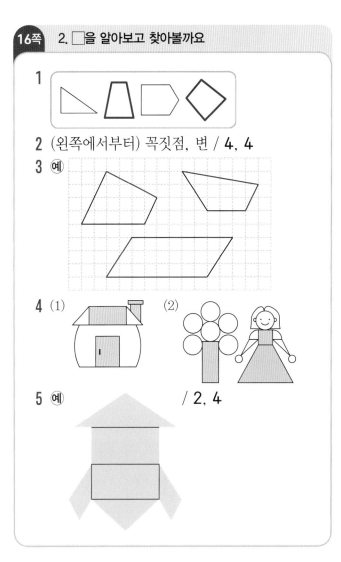

4 (1)　　(2)

5 예　　　/ 2, 4

5 **채점 가이드** 삼각형과 사각형으로 셀 수 없이 나눌 수 있습니다. 나누어진 선대로 삼각형과 사각형의 개수가 맞다면 모두 정답으로 인정할 수 있습니다.

17쪽 3. ◯을 알아보고 찾아볼까요

1

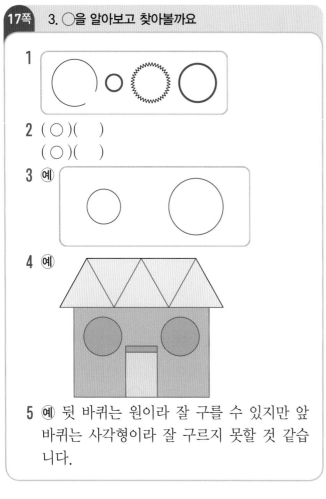

2 (◯)(　)
(◯)(　)

3 예

4 예

5 예 뒷 바퀴는 원이라 잘 구를 수 있지만 앞 바퀴는 사각형이라 잘 구르지 못할 것 같습니다.

3 채점 가이드 동전이나 컵 등 주변의 물건이나 모양 자로 크기가 다른 원을 그렸으면 모두 정답으로 인정할 수 있습니다.

5 채점 가이드 원 모양의 바퀴는 잘 구를 수 있고 사각형 모양의 바퀴는 잘 구르지 못한다는 내용이 있는지 확인합니다.

18쪽 4. 칠교판으로 모양을 만들어 볼까요

1 / 5, 2

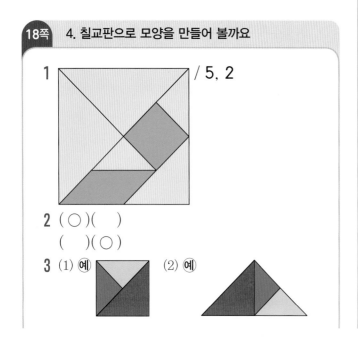

2 (◯)(　)
(　)(◯)

3 (1) 예 　 (2) 예

---

4 예

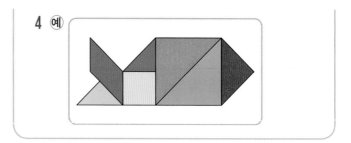

4 채점 가이드 칠교 조각을 이용하여 재미있는 동물 모양을 만들었으면 모두 정답으로 인정할 수 있습니다.

19쪽 5. 쌓은 모양을 알아볼까요

1 미나 / 예 미나는 쌓기나무를 반듯하게 맞추어 쌓았지만 현우는 그렇지 않았습니다.

2

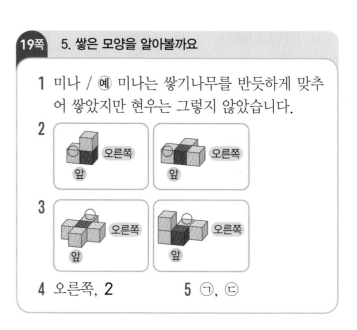

3

4 오른쪽, 2 　　　　　 **5** ㉠, ㉢

20쪽 6. 여러 가지 모양으로 쌓아 볼까요

1 (1) ㉢ 　 (2) ㉣

2 (1) 　　　　　 (2)

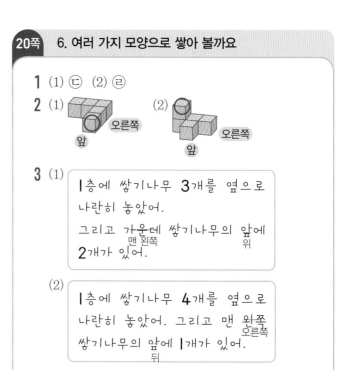

3 (1)

> 1층에 쌓기나무 **3**개를 옆으로 나란히 놓았어.
> 그리고 가운데 쌓기나무의 앞에 맨 왼쪽　　　　위
> **2**개가 있어.

(2)

> 1층에 쌓기나무 **4**개를 옆으로 나란히 놓았어. 그리고 맨 왼쪽 오른쪽
> 쌓기나무의 앞에 1개가 있어. 뒤

4 ⑩ /

나는 잠자리를 만들어 봤습니다. 쌓기나무 5개를 1층에 옆으로 나란히 놓고 왼쪽에서 두 번째, 세 번째 쌓기나무의 앞과 뒤에 쌓기나무를 1개씩 놓았습니다.

4 채점 가이드 쌓기나무를 이용하여 재미있는 곤충 모양을 만들고 만든 방법을 바르게 설명했는지 확인합니다.

3 덧셈과 뺄셈

기초력 더하기

21쪽 1. 받아올림이 있는 (두 자리 수)+(한 자리 수)

1 32	2 81	3 41
4 30	5 53	6 62
7 48	8 73	9 84
10 45	11 62	12 34
13 26	14 54	15 87
16 75	17 93	18 91
19 43	20 82	21 73

22쪽 2. 일의 자리에서 받아올림이 있는 (두 자리 수)+(두 자리 수)

1 63	2 62	3 93
4 85	5 71	6 80
7 94	8 91	9 91
10 82	11 83	12 61
13 65	14 92	15 73
16 92	17 90	18 94
19 91	20 87	21 91

23쪽 3. 십의 자리에서 받아올림이 있는 (두 자리 수)+(두 자리 수)

1 128	2 107	3 151
4 129	5 111	6 103
7 115	8 142	9 123
10 103	11 115	12 102
13 137	14 104	15 114
16 110	17 121	18 141
19 119	20 103	21 124

24쪽 4. 받아내림이 있는 (두 자리 수)−(한 자리 수)

1 47	2 57	3 19
4 78	5 76	6 36
7 65	8 25	9 39
10 19	11 28	12 63
13 37	14 46	15 28
16 55	17 78	18 89
19 49	20 66	21 59

25쪽 5. 받아내림이 있는 (몇십)−(몇십몇)

1 11	2 16	3 17
4 14	5 25	6 22
7 38	8 67	9 29
10 23	11 44	12 22
13 22	14 18	15 23
16 26	17 31	18 34
19 34	20 46	21 45

1 9	2 49	3 27
4 38	5 23	6 18
7 16	8 36	9 48
10 17	11 17	12 19
13 14	14 28	15 48
16 46	17 49	18 46
19 39	20 37	21 18

1 33, 41 / 41	2 73, 65 / 65
3 56, 63 / 63	4 51, 34 / 34
5 75, 36 / 36	6 48, 57 / 57
7 82	8 68
9 51	10 62
11 19	12 49

1 9 / 9	2 8 / 8, 17
3 43 / 28	4 60 / 34, 60
5 72, 27 / 27, 45	6 65, 36, 29 / 29
7 27, 55 / 27, 28, 55	
8 44, 81 / 37, 44, 81	

1 31+□=73 / 42	2 □+13=34 / 21		
3 58−□=29 / 29	4 □−16=7 / 23		
5 24	6 29	7 7	8 14
9 23	10 62	11 16	12 43

5 38+□=62 ➡ □=62−38, □=24

6 □+16=45 ➡ □=45−16, □=29

수학익힘 다잡기

1 20, 21 / 21

2 예 / 31

3 33   4 (1) 22 (2) 36

5 48+6에 ○표

6 15+8=23 / 23개

7 예 14, 9, 배 / 14+9=23 / 23개

1 17에서 4번 이어 세면 21이므로 21자루입니다.

2 5는 4와 1로 가르기할 수 있습니다.
26에 4를 더하면 30이고, 30에 1을 더하면 31입니다.

3 수 모형은 십 모형 2개와 일 모형 13개이므로 십 모형 3개와 일 모형 3개와 같습니다.
➡ 27+6=33

5 48+6=54, 8+45=53 ➡ 54>53

6 (페트병의 수)+(음료수 캔의 수)
=15+8=23(개)

7 (채점 가이드) 알맞은 덧셈 문제를 만들고 식을 만들어 답을 바르게 구했으면 정답으로 인정할 수 있습니다.

2. 덧셈을 하는 여러 가지 방법을 알아볼까요(2)

1 10, 39, 42 / 42 / 3, 12, 42
2 (1) 42 (2) 62
3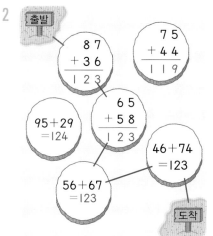
4 17+26=43 / 43개
5 62
6 예 플라스틱, 24, 유리병, 18, 42

---

3 ·39+13=52   ·17+36=53
   ·15+38=53   ·33+19=52

4 (수아가 캔 고구마의 수)＋(예지가 캔 고구마의 수)
   ＝17+26=43(개)

5 28+34=62(개)

6 채점 가이드 분리배출과 어울리는 소재를 활용하여 알맞은 덧셈식을 만들고 답을 바르게 구했다면 정답으로 인정할 수 있습니다.

---

3. 덧셈을 해 볼까요

1 (1) 141 (2) 124

2
출발
$\begin{array}{r} 8\ 7 \\ +\ 3\ 6 \\ \hline 1\ 2\ 3 \end{array}$
$\begin{array}{r} 7\ 5 \\ +\ 4\ 4 \\ \hline 1\ 1\ 9 \end{array}$
95+29 =124
$\begin{array}{r} 6\ 5 \\ +\ 5\ 8 \\ \hline 1\ 2\ 3 \end{array}$
46+74 =123
56+67 =123
도착

3 134   4 7, 6
5 예 수현이는 밤 76개를 주웠고, 동생은 59개를 주웠습니다. 주운 밤은 모두 몇 개일까요? /
   76+59=135 / 135개

---

1 (1) 일 모형끼리의 합이 11개이고, 십 모형끼리의 합이 13개이므로 62+79=141입니다.
   (2) 일 모형끼리의 합이 14개이고, 십 모형끼리의 합이 11개이므로 56+68=124입니다.

3 일의 자리에서 받아올림을 하지 않고 계산하였습니다.

4 일의 자리에서부터 순서대로 덧셈을 하였을 때 계산 결과가 4가 되기 위해서는 8에 6을 더해야 합니다. 십의 자리끼리 더하여 11이 될 수 있는 수는 7입니다.

5 채점 가이드 두 수를 더하는 문제를 바르게 만들고 덧셈의 계산을 바르게 했으면 정답으로 인정할 수 있습니다.

---

4. 뺄셈을 하는 여러 가지 방법을 알아볼까요(1)

1 7, 8, 9 / 7
2 예
   | ○ | ○ | ○ | ○ | ○ | ∅ | ∅ | ∅ | | | / 9
   | ○ | ○ | ○ | ○ | ∅ | | | | | |
3 25   4 (1) 14 (2) 46
5 21, 7에 ○표
6 24-8=16 / 16번
7 예 9 / 22-9=13 / 13번

---

1 12에서 5번 거꾸로 세면 7입니다.

2 4는 3과 1로 가르기할 수 있습니다.
   3에서 3만큼 지우고 10에서 1만큼 지우면 9입니다.

3 십 모형 1개와 일 모형 2개는 일 모형 12개와 같습니다. 일 모형 12개에서 7개를 빼면 남은 일 모형은 5개입니다. ➜ 32-7=25

5 21-6=15, 21-7=14(○)
   23-6=17, 23-7=16
   30-6=24, 30-7=23

6 (준호가 도서관에 간 횟수)
   －(연서가 도서관에 간 횟수)
   ＝24-8=16(번)

기본 강화책

3 단원

34쪽 5. 뺄셈을 하는 여러 가지 방법을 알아볼까요(2)

1 8, 8, 22 / 42, 20, 22 / 20, 2, 22
2 (1) 26 (2) 44
3 $\boxed{50-18}$ $\boxed{60-43}$ $\boxed{80-54}$
4 30−14=16 / 16마리
5 19   6 예 17, 13

6 (채점 가이드) 알맞은 뺄셈식을 만들고 답을 바르게 구했으면 정답으로 인정할 수 있습니다.

35쪽 6. 뺄셈을 해 볼까요

1 (1) 27 (2) 39
2

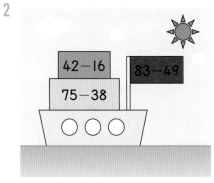

3 44   4 35, 36
5 예 주은이는 색종이 53장을 가지고 있습니다. 그중 28장을 동생에게 주었습니다. 주은이에게 남은 색종이는 몇 장일까요?
53−28=25 / 25장

2 53−16=37, 75−38=37(노란색)
71−37=34, 83−49=34(빨간색)
65−39=26, 42−16=26(파란색)

3 받아내림을 하지 않고 계산하여 잘못되었습니다.

4 두 수를 뺐을 때 가장 큰 수가 되려면 빼는 수가 가장 작아야 합니다. 수 카드를 이용하여 만들 수 있는 가장 작은 수는 35입니다.

5 (채점 가이드) 두 수의 차를 구하는 문제를 바르게 만들고 뺄셈의 계산을 바르게 했으면 정답으로 인정할 수 있습니다.

36쪽 7. 세 수의 계산을 해 볼까요

1 74, 42 / 42   2 82
3 예 52−37+12=27 / 27
4 27+14−12=29 / 29명
5 60−13+17=64 /

47
64

예 13을 빼야 하는데 더하였고, 앞에서부터 순서대로 계산하지 않았습니다.
6 예 36, 16, 14 / 38

2 38+17−14=55−14=41, ■=41
38−14+17=24+17=41, ▲=41
➔ ■+▲=41+41=82

3 길을 선택하여 만들 수 있는 식은
52−37+14=29, 52−38+12=26,
52−38+14=28입니다.

6 계산 결과가 가장 크려면 가장 큰 수와 두 번째로 큰 수를 더하고 가장 작은 수를 뺍니다.

37쪽 8. 덧셈과 뺄셈의 관계를 식으로 나타내 볼까요

1 12, 7, 12
2 26, 17, 9 / 26, 9, 17
3 14, 8, 22 / 8, 14, 22
4 (1) 53 / 39, 16 (2) 7 / 21, 14
5 예 5−2=3 / 2+3=5, 3+2=5
6 예 11+6=17 / 17−6=11 / 17−11=6

5 만들 수 있는 뺄셈식은 5−2=3, 5−3=2 입니다.

6 만들 수 있는 덧셈식은 5+6=11, 6+5=11, 6+11=17, 11+6=17입니다.

9. □가 사용된 덧셈식을 만들고 □의 값을 구해 볼까요

1 $9+□=15$ / 6 　　　2 $□+8=12$ / 4
3 $5+□=13$ / 8
4 •———•
　 •———•
5 $6+□=14$ 또는 $□+6=14$ / 8
6 $7+□=16$ 또는 $□+7=16$ / 9

4 ・$8+□=15$, $15-8=□$, $□=7$
　・$□+9=16$, $16-9=□$, $□=7$
　・$4+□=13$, $13-4=□$, $□=9$
　・$□+5=14$, $14-5=□$, $□=9$

5 저울의 양쪽 무게가 같으므로 파란색과 노란색
　공의 무게의 합이 빨간색 공의 무게와 같습니다.
　$6+□=14$, $14-6=□$, $□=8$

6 $7+□=16$, $16-7=□$, $□=9$

10. □가 사용된 뺄셈식을 만들고 □의 값을 구해 볼까요

1 $9-□=6$ / 3 　　　2 $□-4=6$ / 10
3 16 / 16 　　　　　4 ㉢, ㉡, ㉠
5 $15-□=9$ / 6
6 $□-5=9$ 또는 $□-9=5$ / 14

1 $9-□=6$, $9-6=□$, $□=3$

2 $□-4=6$, $6+4=□$, $□=10$

3 $□-7=9$, $9+7=□$, $□=16$

4 ㉠ $4-□=1$, $4-1=□$, $□=3$
　㉡ $□-1=5$, $5+1=□$, $□=6$
　㉢ $9-□=2$, $9-2=□$, $□=7$
　➡ $7>6>3$

5 $15-□=9$, $15-9=□$, $□=6$

6 $□-5=9$, $9+5=□$, $□=14$

4 길이 재기

기초력 더하기

1. 여러 가지 단위로 길이 재기 / 1 cm 알아보기

1 6	2 4	3 3	4 8
5 5	6 10	7 2	8 4
9 3	10 7	11 6	12 5

2. 자로 길이 재는 방법 알아보기

1 4 cm	2 7 cm	3 6 cm	4 3 cm
5 5 cm	6 4 cm	7 1 cm	8 3 cm
9 5 cm	10 4 cm	11 7 cm	12 6 cm

수학익힘 다잡기

1. 길이를 비교하는 방법을 알아볼까요

1 (　) 　　2 규민 / '깁니다'에 ○표
(○)
3 나 　　　　　　4 다, 가, 나
5 ㉠

2. 여러 가지 단위로 길이를 재어 볼까요

1 4 　　　　　　　2 3, 5
3 (　)(　)(○) 　　4 3
5 ⑩ 6 　　　　　　6 ⑩ 버섯, 4

6 오이의 길이는 콩으로 15번쯤, 딸기로 10번쯤
과 같이 셀 수 있습니다.
　(채점 가이드) 고른 물건과 오이의 길이를 비교하여 알맞은 횟
수만큼 적었는지 확인합니다.

기본 강화책

4 단원

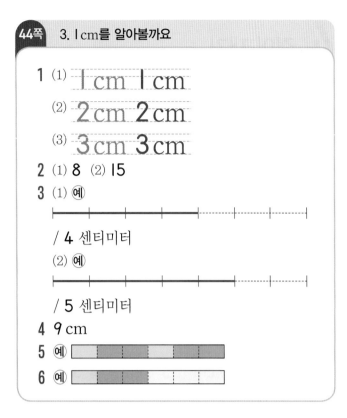

1 (1) 1 cm 1 cm
(2) 2 cm 2 cm
(3) 3 cm 3 cm

2 (1) 8 (2) 15

3 (1) 예

／ 4 센티미터

(2) 예

／ 5 센티미터

4 9 cm

5 예

6 예

4 달팽이가 움직인 거리는 1 cm로 9번이므로 9 cm입니다.

6 (채점 가이드) 사용한 막대나 놓은 순서에 따라 여러 가지 답이 나올 수 있습니다. 주어진 막대로 6 cm를 바르게 만들었는지 확인합니다.

1 2 ／ 2 센티미터 (2) 5 ／ 5 센티미터

2 (1) 3 (2) 6   **3** 5, 5

4 (1) 예

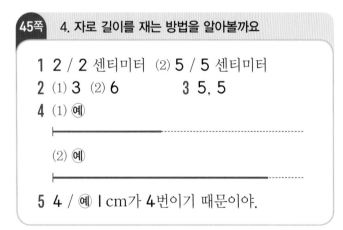

(2) 예

5 4 ／ 예 1 cm가 4번이기 때문이야.

3 (주의) 나사못의 길이를 오른쪽 끝만 보고 8 cm라고 하지 않도록 주의합니다.

5 한쪽 끝이 눈금 0에 맞추어져 있지 않을 때는 자의 오른쪽 끝의 눈금을 읽는 것이 아니라 1 cm가 몇 번인지 세어서 구합니다.

1 (1) 3 (2) 6   **2** 7

3 4, 4   **4** 미나

5 예 물건의 길이가 눈금과 눈금 사이에 있을 때 가까운 쪽의 숫자를 읽기 때문입니다.

1 (1) 나무막대의 길이는 3 cm와 4 cm 중 3 cm에 더 가까우므로 약 3 cm입니다.
(2) 나무막대의 길이는 5 cm와 6 cm 중 6 cm에 더 가까우므로 약 6 cm입니다.

4 종이띠 ㉡의 길이는 5 cm와 6 cm 중 6 cm에 더 가까우므로 약 6 cm입니다.

5 (채점 가이드) 자의 눈금과 정확하게 맞지 않는 물건의 길이를 재는 방법으로 설명했는지 확인합니다.

1 (1) 예

(2) 예

2 30 cm

3 예 5 cm, 6 cm ／ 12 cm, 13 cm ／ 15 cm, 14 cm

4 예 3 cm, 4 cm ／ 2 cm, 1 cm

5
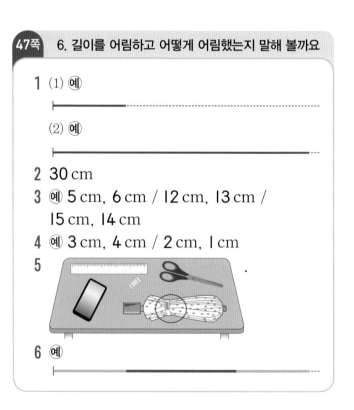

6 예

6 (채점 가이드) 자를 사용하지 않고 주어진 1 cm, 2 cm, 3 cm를 여러 번 사용하여 7 cm를 만들었는지 확인합니다.

5 분류하기

기초력 더하기

48쪽 1. 정해진 기준에 따라 분류하기

1 ㄱ, ㅂ, ㅅ / ㄴ, ㄹ, ㅇ / ㄷ, ㅁ, ㅈ
2 ㄹ, ㅂ, ㅇ / ㄱ, ㄷ, ㅁ / ㄴ, ㅅ, ㅈ
3 ㄷ, ㅂ, ㅈ, ㅌ / ㄱ, ㄴ, ㅅ, ㅋ /
   ㄹ, ㅁ, ㅇ, ㅊ
4 ㄱ, ㄹ, ㅂ, ㅌ / ㄴ, ㄷ, ㅇ, ㅊ, ㅋ /
   ㅁ, ㅅ, ㅈ
5 ㄴ, ㄹ, ㅁ, ㅋ, ㅌ / ㄱ, ㄷ, ㅂ, ㅅ, ㅇ, ㅈ, ㅊ
6 ㄴ, ㅁ, ㅅ, ㅊ, ㅌ / ㄱ, ㄷ, ㄹ, ㅂ, ㅇ, ㅈ, ㅋ

49쪽 2. 분류하고 세어 보기

1 ///, ////, // / 2, 4, 2
2 ////, ///, ///, // / 4, 3, 3, 2
3 ㄱ, ㄹ, ㅅ, ㅈ, ㅋ / ㄷ, ㅁ, ㅊ, ㅌ /
   ㄴ, ㅂ, ㅇ / 5, 4, 3
4 ㄱ, ㄷ, ㅇ, ㅋ / ㄴ, ㅂ, ㅈ, ㅊ /
   ㄹ, ㅁ, ㅅ, ㅌ / 4, 4, 4

3 모양에 따라 원, 삼각형, 사각형으로 분류할 수 있습니다.

4 구멍 수에 따라 4개, 3개, 2개로 분류할 수 있습니다.

50쪽 1. 분류는 어떻게 할까요

1 준호   2 ( )( )(○)
3 색깔 또는 손잡이 수
4 예 사람마다 맛있다고 생각하는 기준이 다릅니다. 그러므로 '맛있는', '맛없는'은 분류 기준으로 알맞지 않습니다.
5 예 색깔, 예 바지의 길이

1 좋아하는 것과 안 좋아하는 것은 사람마다 다를 수 있어 분류 기준으로 알맞지 않습니다.

2 색깔은 분홍색과 파란색으로, 무늬는 물결무늬와 하트 무늬로 분류할 수 있으나 예쁜 것은 분명하지 않습니다.

4 채점 가이드 '맛있다.', '맛없다.'는 사람마다 기준이 다르므로 분류 기준으로 알맞지 않다는 설명이 있는지 확인합니다.

5 채점 가이드 순서에 상관없이 바지의 색깔과 길이를 분류 기준으로 썼으면 정답으로 인정할 수 있습니다.

51쪽 2. 정해진 기준에 따라 분류해 볼까요

1 ②, ③ / ①, ⑤ / ④, ⑥, ⑦
2 ①, ③, ⑦ / ②, ④, ⑤, ⑥
3 ③, ⑦ / ①, ④, ⑤ / ②, ⑥
4 콘: 5

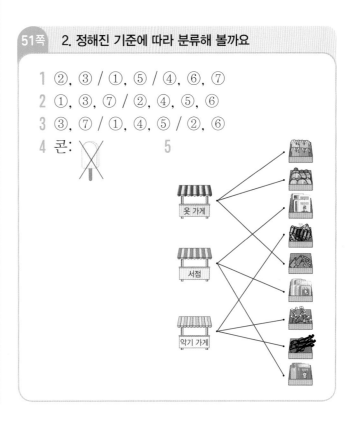

1 모양이나 종류는 생각하지 않고 색깔을 기준으로만 분류해 봅니다.

2 색깔이나 모양을 생각하지 않고 종류를 기준으로만 분류합니다.

52쪽　3. 자신이 정한 기준에 따라 분류해 볼까요

1 예) 색깔 / 아이스크림의 종류

2 예)

분류 기준		모양	
사각형	원	하트	병
①, ⑦, ⑫, ⑭	②, ⑧, ⑨, ⑮, ⑯	④, ⑤, ⑩	③, ⑥, ⑪, ⑬

3 (○)
　(○)
　( )

4 예)

분류 기준	구멍의 수
2개	4개
①, ②, ⑤, ⑥, ⑧, ⑨	③, ④, ⑦, ⑩

5 예)

1 아이스크림 맛을 기준으로 분류할 수도 있습니다.

5 단추의 색깔(노란색, 초록색)과 구멍의 수(**2**개, **4**개)를 이용하여 단추를 만들어 봅니다.

53쪽　4. 분류하고 세어 볼까요

1

우산 색깔	빨간색	노란색	초록색
세면서 표시하기	〵〵〵〵〵	〵〵	〵〵
학생 수(명)	6	2	2

2 예)

분류 기준		장화 색깔	

장화 색깔	검은색	분홍색	파란색	노란색
학생 수(명)	4	2	2	2

3

종류	윗옷	바지	원피스
세면서 표시하기	〵〵〵〵〵	〵〵〵〵	〵〵〵〵〵〵
옷의 수(벌)	5	4	6

4 예) 자원을 절약할 수 있습니다.

2 여학생과 남학생, 안경을 쓴 학생과 안 쓴 학생 등을 기준으로 분류할 수 있습니다.

4 채점 가이드 그 외에도 '환경을 보호할 수 있습니다.' 등 물건을 정리하여 나눔하면 좋은 점을 썼으면 정답으로 인정할 수 있습니다.

54쪽　5. 분류한 결과를 말해 볼까요

1

신발 목의 높이	짧은 것	긴 것
세면서 표시하기	〵〵〵〵〵 〵〵〵〵〵 〵〵〵	〵〵〵〵〵 〵〵〵〵〵 〵
신발의 수 (켤레)	13	6

2 '목이 짧은 신발'에 ○표
3 '낮은'에 ○표, '높은'에 ○표
4 예)

분류 기준		색깔	

색깔	빨간색	검은색	흰색	분홍색
세면서 표시하기	〵〵〵〵〵	〵〵〵	〵〵〵〵〵 〵〵〵〵〵	〵〵〵〵〵 〵
모자의 수 (개)	5	3	10	6

5 예) 흰색 모자　　**6** 예) 흰색, 흰색

2 목이 짧은 신발이 **13**켤레로 목이 긴 신발보다 많습니다.

3 목이 짧은 신발이 목이 긴 신발보다 많으므로 신발장에 목이 짧은 신발을 더 많이 넣을 수 있도록 낮은 칸을 더 많이 준비하는 것이 좋습니다.

6 곱셈

기초력 더하기

55쪽 **1. 묶어 세기**

1 4 / 6, 8   2 4 / 9, 12
3 4, 2 / 12   4 5, 3 / 15
5 6, 4 / 24   6 7, 5 / 35

56쪽 **2. 몇의 몇 배 알아보기**

1 3   2 3, 3
3 4, 6, 4   4 4, 7, 4
5 2   6 2   7 3   8 3
9 4   10 2

57쪽 **3. 곱셈 알아보기**

1 4, 12 / 3, 12   2 5, 5, 20 / 4, 20
3 9, 9, 27 / 3, 27
4 7, 7, 7, 28 / 4, 28
5 8, 8, 16 / 8, 2, 16
6 4, 4, 4, 12 / 4, 3, 12
7 6, 6, 6, 6, 6, 6, 36 / 6, 6, 36
8 5, 5, 5, 5, 5, 5, 5, 35 / 5, 7, 35

58쪽 **4. 곱셈식으로 나타내기**

1 $3 \times 3 = 9$ / $3 \times 4 = 12$ /
   $3 \times 5 = 15$ / $3 \times 6 = 18$
2 $5 \times 2 = 10$ / $5 \times 3 = 15$ / $5 \times 4 = 20$ /
   $5 \times 5 = 25$ / $5 \times 6 = 30$
3 5, 3, 15 / 3, 5, 15
4 7, 2, 14 / 2, 7, 14
5 예 6, 2, 12 / 2, 6, 12
6 예 8, 4, 32 / 4, 8, 32

수학익힘 다잡기

59쪽 **1. 여러 가지 방법으로 세어 볼까요**

1 16개   2 7, 2
3 예
4 14마리   5 4 / 12, 16, 16
6 예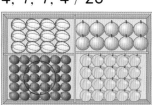
7 예 5, 5, 10, 15, 20, 20

6 달걀을 각 바구니에 같은 수만큼 그립니다.

7 (채점 가이드) 바구니에 그린 ○의 수에 따라 답이 달라집니다. 묶어 세는 방법으로 그린 ○의 수에 맞게 세었는지 확인합니다.

60쪽 **2. 묶어 세어 볼까요**

1 4 / 6, 8, 8
2 예  / 3, 6, 18

3 준하, 선호
4 예 4, 7, 7, 4 / 28
5 예

/ 키위, 6, 5, 30

2 강아지의 수는 3씩 6묶음이므로 3, 6, 9, 12, 15, 18로 세어 모두 18마리입니다.
   (참고) 2씩 9묶음, 6씩 3묶음, 9씩 2묶음으로 묶어 셀 수 있습니다.

3 토마토의 수는 5씩 4묶음입니다.

5 키위의 수는 **6**씩 **5**묶음이므로 **6, 12, 18, 24, 30**으로 세어 모두 **30**개입니다.

(채점 가이드) 과일을 고르고, 과일이 남지 않도록 잘 묶어 세었는지 확인합니다. 그림의 과일의 수와 묶어 센 과일의 수가 같아야 합니다.

61쪽 **3. 몇의 몇 배를 알아볼까요**

1 7, 7 　　　　　**2** 4, 5, 4, 5
3 (1) (2) (3) / (위에서부터) 5, 4

4 6, 3, 6, 3 / 5, 2, 5, 2 / 4, 3, 4, 3
5 ⑩ 우리 집 그릇장에 그릇이 **3**의 **5**배만큼 있습니다.

5 다른 정답 ⑩ 우리 집 책장에 동화책이 **8**의 **6**배만큼 있습니다.
⑩ 우리 학교에는 교실이 **8**의 **4**배만큼 있습니다.
(채점 가이드) 실생활 속에서 몇의 몇 배로 나타낼 수 있는 예를 찾아 바르게 썼는지 확인합니다.

62쪽 **4. 몇의 몇 배로 나타내 볼까요**

1 4 　　**2** 4 　　**3** 7, 3 　　**4** 2, 3
5 5 / ⑩ 분홍색 막대의 길이는 초록색 막대를 **5**번 이어 붙여야 같아지기 때문이야.

1 미나가 가진 우표는 **3**장씩 **4**묶음이므로 도율이가 가진 우표의 **4**배입니다.

4 친구들의 연결 모형은 동우의 연결 모형을 몇 번 이어 붙여야 같아지는지 알아봅니다.

5 전체 길이(**15 cm**)에 단위길이(**3 cm**)를 **5**번 이어 붙일 수 있습니다.

63쪽 **5. 곱셈을 알아볼까요**

1 4, 4 / 4, 5, 4 　　　**2** 6, 4
3 2, 2, 5, 2 　　　　　**4** 민교
5 (1) 8, 4 (2) 4, 4, 8 / 4, 2, 8 (3) 2

4 3+3+3+3+3은 3×5와 같습니다.

5 초록색 종이띠는 빨간색 종이띠 **2**개를 합한 길이와 같으므로 **2**배입니다.

64쪽 **6. 곱셈식으로 나타내 볼까요**

1 3 / 8+8+8=24 / 8×3=24
2 4, 6 / 4×6=24
3 ⑩ 2×7=14 / 7×2=14
4 14개
5 ⑩

/ 3×2=6
6 2×4=8 / 5×3=15

2 잎이 **4**장인 네잎클로버가 **6**개 있습니다. 잎의 수는 **4**씩 **6**묶음이므로 곱셈식으로 나타내면 **4×6=24**입니다.

5 물이 **3**병씩 **2**줄이므로 곱셈식으로 나타내면 **3×2=6**입니다.

(채점 가이드) 냉장고에 있는 물건을 고르고 물건이 놓인 방법을 생각하여 곱셈식으로 바르게 나타내었는지 확인합니다.

6 • 비타민을 **2**개씩 **4**번 먹었으므로 실천한 날에 먹은 비타민의 수를 곱셈식으로 나타내면 **2×4=8**입니다.
• 수학 문제를 **5**개씩 **3**번 풀었으므로 실천한 날에 푼 수학 문제의 수를 곱셈식으로 나타내면 **5×3=15**입니다.

초등 1, 2학년을 위한
추천 라인업

동아출판

1~2학년 1, 2학기(전 4권)

어휘를 높이는
초능력 맞춤법 + 받아쓰기

· 쉽고 빠르게 배우는 **맞춤법 학습**
· 단계별 낱말과 문장 **바르게 쓰기 연습**
· 학년, 학기별 국어 **교과서 어휘 학습**

➕ 선생님이 불러주는 듣기 자료, 맞춤법 원리 학습 동영상 강의

1~2학년 대상

빠르고 재밌게 배우는
초능력 구구단

· 3회 누적 학습으로 **구구단 완벽 암기**
· 기초부터 활용까지 **3단계 학습**
· 개념을 시각화하여 **직관적 구구단 원리 이해**
· 다양한 유형으로 구구단 **유창성과 적용력 향상**

➕ 구구단송

1~2학년 대상

원리부터 응용까지
초능력 시계·달력

· 초등 1~3학년에 걸쳐 있는 시계 학습을 **한 권으로 완성**
· 기초부터 활용까지 **3단계 학습**
· 개념을 시각화하여 **시계달력 원리를 쉽게 이해**
· 다양한 유형의 **연습 문제와 실생활 문제로 흥미 유발**

➕ 시계·달력 개념 동영상 강의

큐브 개념

정답 및 풀이 │ 초등 수학 2·1

연산 | 전 단원 연산을 다잡는 기본서

개념 | 교과서 개념을 다잡는 기본서

유형 | 모든 유형을 다잡는 기본서

시작만 했을 뿐인데 완북했어요!

시작만 했을 뿐인데 그 끝은 완북으로! 학습할 땐 힘들었지만 큐브 연산으로 기초를 튼튼하게 다지면서 새 학기 때 수학의 자신감은 덤으로 뿜뿜할 수 있을 듯 해요^^

초1중2민지사랑민찬

아이 스스로 얻은 성취감이 커서 너무 좋습니다!

아이가 방학 중에 개념 공부를 마치고 수학이 세상에서 제일 싫었다가 이제는 좋아졌다고 하네요. 아이 스스로 얻은 성취감이 커서 너무 좋습니다. 자칭 수포자 아이와 함께 이렇게 쉽게 마친 것도 믿어지지 않네요.

초5 초3 유유

자세한 개념 설명 덕분에 부담없이 할 수 있어요!

처음에는 할 수 있을까 욕심을 너무 부리는 건 아닌가 신경 쓰였는데, 선행용, 예습용으로 하기에 입문하기 좋은 난이도와 자세한 개념 설명 덕분에 아이가 부담없이 할 수 있었던 거 같아요~

초5워킹맘

큐브
찐-후기

심리적으로 수학과 가까워진 거 같아서 만족해요!

아이는 처음 배우는 개념을 정독한 후 문제를 풀다 보니 부담감 없이 할 수 있었던 것 같아요. 매일 아이가 제일 먼저 공부하는 책이 큐브였어요. 그만큼 심리적으로 수학과 가까워진 거 같아서 만족스러워요.

초2 산들바람

결과는 대성공! 공부 습관과 함께 자신감 얻었어요!

겨울방학 동안 공부 습관 잡아주고 싶었는데 결과는 대성공이었습니다. 다른 친구들과 함께한다는 느낌 때문인지 아이가 책임감을 느끼고 참여하는 것 같더라고요. 덕분에 공부 습관과 함께 수학 자신감을 얻었어요.

스리마미

엄마표 학습에 동영상 강의가 도움이 되었어요!

동영상 강의가 있어서 설명을 듣고 개념 정리 문제를 풀어보니 보다 쉽게 이해할 수 있었어요. 엄마표로 진행하는 거라 엄마인 저도 막히는 부분이 있었는데 동영상 강의가 많은 도움이 되었네요.

3학년 칭칭맘

수학 개념을 제대로 잡을 수 있어요!

처음에는 어려웠던 개념들도 차분히 문제를 풀어보면서 자신감을 얻은 거 같아서 아이도 엄마도 즐거웠답니다. 6주 동안 큐브 개념으로 4학년 1학기 수학 개념을 제대로 잡을 수 있어서 너무 뿌듯했어요.

초4초6 너굴사랑